MT 생명공학

MT
Map of Teens

생명공학

연세대학교 최강열 교수 지음

청어람장서가

시리즈를 발간하며

대학입시에 대한 관심이 우리나라처럼 높은 곳도 없을 것이다. 하지만 대학에 대한 많은 관심에도 불구하고, 막상 대학에 가서 무엇을 배우는지에 대해서는 학생과 학부모 모두 구체적으로 모르고 있는 것 같다. 이는 대학교육의 실질적 내용보다는 대학졸업장 취득여부에만 큰 관심을 기울이는 세태의 반영일 수도 있지만, '대학 가는 것'을 인생의 중요한 목표로 삼고 있는 중·고등학생들에게 대학의 교육내용을 쉽고 친절하게 설명해 주는 자료가 없었기 때문일 것이다.

〈나의 미래 공부〉시리즈 Map of Teens는 중·고등학생들의 후회 없는 선택과 성공적인 공부를 위해 기획되었다. 자신의 삶을 크게 테두리 지을 대학의 각 분야별 공부가 구체적으로 어떤 것인지 스스로 읽고 판단하는 데 도움이 될 것이다. 이것이 내가 정말로 하고 싶은 것인지, 잘 할 수 있을 것인지를 스스로 또는 부모님, 선생님과 함께 고민하고 결정할 수 있게 만들어 줄 것이다. 아직 자신의 적성을 모른다면, 이 시리즈에 포함된 다양한 공부의 길들을 비교해보면서 역으로 자신의 흥미와 열정을 발견할 수도 있을 것이다.

대학의 다양한 학문들이 무엇을 배우고 연구하는지를 아는 것은 단지 '나의 선택'만을 위해 중요한 것은 아니다. 사회의 다른 구성원들이 무엇을 공부하는지 아는 것도 매우 중요한 일이다. 사회의 범위가 지구촌으로 확대되고 있는 지금, 나의 이웃들이 무엇에 관심을 가지고 공부하고 있는가를 아는 것은 우리 모두의 공동 번영을 위해 필수적일 수밖에 없다. 이런 경향을 반영하듯 각 학문들은 서로의 분야를 넘나들며 융합되고 있고, 대학에서 한 가지 전공만을 공부한다는 것은 이제 지난날의 일이 되었다. 사회에서 요구하는 인재상도 멀티플전공으로 바뀌고 있다. 우리가 자신만의 전문성을 가지되 다양하고 폭넓은 공부를 해야 되는 이유가 여기에 있다.

〈나의 미래 공부〉시리즈 Map of Teens는 이러한 시대적 요청에 충실하면서도, 수많은 학문들의 내용을 자세히 들여다 볼 시간이 없는 독자들을 위해 각 분야의 핵심을 한눈에 알아볼 수 있도록 요약하려고 노력하였다. 여기에는 각 해당 분야 전공자들의 많은 노력이 숨어 있다. 오랜시간 축적돼온 각 학문의 내용들과 새롭게 추가되는 연구 성과들을 가능하면 우리 실생활과 연관시켜 쉽고 재미있게 설명하기 위해 고심한 필자들의 노고에 감사드린다. 이 시리즈가 중·고등학생들이 미래를 찾아가는 학문여행에 꼭 필요한 지도가 되길 바라며, '나만의 미래 공부'를 찾아 여행을 떠나보자.

2017년 2월
시리즈 기획위

국문학 | 영문학 | 중문학 | 일문학 |
문헌정보학 | 문화학 | 종교학 | 철학 |
역사학 | 문예창작학

여행을 떠나기 전
학과 지도를 펼쳐 보자

세상은 넓고 학과는 많다.
학과에 대한 호기심과 나에 대해 알아보려는 의지만 있으면 여행 준비 끝!
자, 이제부터 나의 미래를 찾기 위해 힘차게 떠나보자!
놀라운 학과 세계와 지적 모험이 여러분을 기다리고 있을 것이다.

심리학 | 언론홍보학 | 정치외교학 | 사회학 | 행정학 | 사회복지학 | 부동산학 |
경영학 | 경제학 | 관광학 | 무역학 | 법학 | 행정학 | 콘텐츠학

예체능계열

영화학 | 음악학 | 디자인학 | 사진학 |
무용학 | 조형학 | 공예학 | 체육학

교육계열

교육학 | 교육공학 | 유아교육학 | 특수교
육학 | 초등교육학 | 언어교육학 | 사회교육
학 | 공학교육학 | 예체능교육학

공학계열

생명공학 | 기계공학 | 전기
공학 | 컴퓨터공학 | 신소재
공학 | 항공우주공학 | 건축
학 | 조경학 | 토목공학 | 제
어계측학 | 자동차학 | 안경
광학 | 에너지공학 | 환경공
학 | 화학공학

의약계열

의학 | 한의학 | 약학 | 수의학 | 치의학 | 간
호학 | 보건학 | 재활학

물리학 | 화학 | 천문학 | 수학 | 통계학 | 식품
영양학 | 의류학 | 지리학 | 생명과학 | 환경과
학 | 원예학

자연계열

청소년들의 호기심을
채워줄 좋은 자료가 되길

우리나라처럼 교육문제에 관심이 많은 나라는 없다는 말을 흔히 듣게 된다. 어느 해를 막론하고 항상 대학입학과 관련된 정책이나 방향에 따라 학생들과 학부모들이 민감하게 반응하는 것이 현실이다. 하지만, 정작 학생들이 자신의 미래와 직업에 결정적으로 영향을 미치게 될 대학에서의 전공분야를 결정할 때, 많은 경우 성적, 인기도, 혹은 주변의 권고 등에 따라 커다란 사전지식이나 준비 없이 대학에 입학하게 된다.

자신이 선택하려는 전공이 어떤 학문인지, 무엇을 배우는지 혹은 우리 실생활이나 사회에 어떤 영향을 미치는지 등을 미리 알고 신중히 결정하는 것은 성공적인 대학생활과 바람직한 미래직업 선택에 매우 중요하다. 생명공학 분야를 지원하는 학생들도 적성이나 전공에 대한 커다란 이해 없이 대학에 입학하는 경우를 보게 되면서, 안타까운 생각을 갖고 있었다. 또한 생명과학 및 공학과 관련된 많은 전문서적들을 서점에서 볼 수 있지만, 그에 대한 특정한 전문지식이 없는 학생들이 쉽게 읽고 이해할 만한 책이 많지 않은 현실이다. 매일같이 신문, 방송 등의 매체에서 생명공학과 관련된 재미있고 중요한 연구개발 결과가 소개되고 호기심을 유발시키지만, 이 같은 것들에 대한 이해를 돕고 전반적인 개념을 심어주는 좋은 책이나 매체는 한정되어 있는 상황이다.

이 책은 생명공학에 관심이 있는 중고등학생에게 좋은 자료가 될 것이다. 학생들이 쉽게 이해하고 흥미를 갖도록 하기 위해서 자세한 이야기보다는 흥미로운 내용을 바탕으로 원리를 쉽게 설명하려고 노력하였다.

생명공학분야가 이학, 의학 공학, 농학, 약학 등 수많은 관련 학문분야가 연계되어 있기 때문에 개별분야의 전문가의 입장에서 보면 약간 다른 시각으로 해석될 수 있는 부분도 있음을 양지하기 바란다. 좀더 이해가 필요한 단어 등은 팁 박스를 이용하여 설명했다.

책을 읽어가며 내용들이 이해가 어렵거나 딱딱하게 느껴질 경우에는 흥미있는 내용부터 먼저 읽기 바란다. 부디 생명공학 및 관련 분야에 관심이 있는 중고등학생들에게 생명공학에 대한 올바른 이해를 갖고 바람직한 미래 진로를 결정할 수 있는 데 도움이 되었으면 한다.

끝으로 이 글을 씀에 있어서 자료를 포함한 각종 도움을 주신 연세대학교 생명시스템대학의 생명공학 전공 교수님들, Molecular Complex 기능제어 연구실의 모든 학생들에게 심심한 감사를 표한다.

2017년 3월

저자 최강열

CONTENTS

미래 생명공학자들의 도전과제

PART 04

불로장생을 향한 꿈, 의·생명공학

PART 05

최 교수님의 학문 이야기 ··· 213

PART 06

My Dream

교수님과 함께 떠나는
생명공학여행

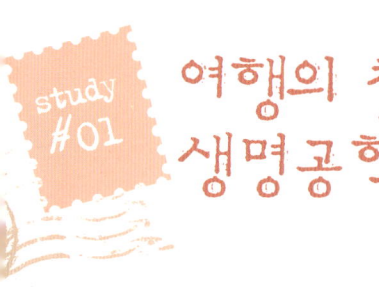

여행의 첫걸음, 생명공학 알기

"생명체란 무엇인가? 나는 어떻게 태어났을까? 같은 부모로부터 태어난 형제들도 왜 생김새나 성격이 같지 않을까? 어떤 경우에 형제와 같은 이란성 쌍둥이가 태어나고, 어떤 경우에 생김새와 성격까지 유사한 일란성 쌍둥이가 태어나는 것일까? 키는 어느 정도 자라면 왜 더 이상 자라지 않는 것일까? 암은 왜 발생하는 것일까?"

우리 몸에 대해 궁금한 것이 한두 가지가 아니다. 자연스럽게 일어나는 일이라고 여길 수 있지만, 우리가 조금만 관심을 가진다면 그 같은 생명현상이 얼마나 신비롭고 놀라운 것인지 느끼게 된다. 인체에 관한 일들뿐만 아니라 나아가 모든 생명체에 대한 호기심들을 풀어나가는 학문이 바로 '생명과학'이다. 호기심을 풀어나가는 과정에서 우리는 생명체의 설계도인 유전자들의 역할과 이들의 비밀이 해독되고 조합되는 과정 등의 신비로운 비밀들을 알게 된다. 그러고는 나아가 새로운 궁금증을 갖게 될 것이다.

교수님과 함께 떠나는
생명공학 여행

"유전정보 해독 등 생명현상의 원리를 이용하여 새로운 세포나 장기를 만들 수는 없을까? 강아지만한 쥐를 만들거나 바퀴벌레처럼 작은 강아지를 만드는 것도 가능하지 않을까? 먹어도 먹어도 살이 찌지 않는 음식을 만들 수 있지 않을까?"

이러한 궁금증을 바탕으로 지속되고 있는 학문이 바로 '생명공학' 이다. 즉, 생명현상의 이해를 통해 이를 인위적으로 조절하거나 공학적으로 탐구하여 실생활에 응용하는 학문이 생명공학인 것이다. 우리는 생명공학의 발전을 통해 많은 질병들을 치료하고, 더 건강하게 오래 살 수 있을 것이라는 기대와 상상을 한다. 줄기세포 등을 이용해 난치병을 치료할 수 있는 것은 물론 모든 암을 치료할 수 있는 신약이 개발될 것이라고, 더 나아가 불로장생의 꿈을 실현시켜 줄 것이라고 말이다.

실로 오늘날의 생명공학은 눈부신 발전을 거듭하고 있다. 이론적으로 암말과 수탕나귀의 교배에 의해서만 만들어진다고 알고 있는 노새를 복제하고, 겁 없이 고양이 주위를 유유히 돌아다니며 심지어는 고양이 위로 올라가기도 하는 생쥐를 만들었다. 거기다 당뇨병 치료제인 인슐린을 생산하는 상추와 백신을 생산하는 버섯을 만드는 데 성공했

용어 팁

생명공학은 영어로 바이오테크놀로지(Bio- Technology)라고 한다. 종종 '비티(BT)'로 축약하거나 '바이오(Bio)'라는 말로 혼용되어 사용한다. 바이오테크놀로지는 1919년 헝가리 출신 농공학자인 칼 에레키가 '생명체를 이용하여 자연상태의 물질을 제품으로 만들어 내는 일'이라는 의미로 처음 사용하여 유래되었다.

tip

다. 뿐만 아니라 사람과 같은 영장류인 원숭이를 체세포복제방법으로 탄생시키는 등 1주일이 멀다 하고 새로운 생명공학적 발전상황이 언론에 소개되고 있다. 과거에는 상상으로만 생각했던 일들이 어느 날 우리 앞에 현실로 다가올지 모르는 바로 그런 세상에 살게 된 것이다.

그림으로 보는 생명공학분야

생명공학은

생명과학에 이론적인 바탕을 두고 있으며,
기초학문적인 성격이 강한 생물과 화학 분야에 응용성향이 강한 공학이 접목된 형태의 학문적인 영역으로 분류될 수 있다.

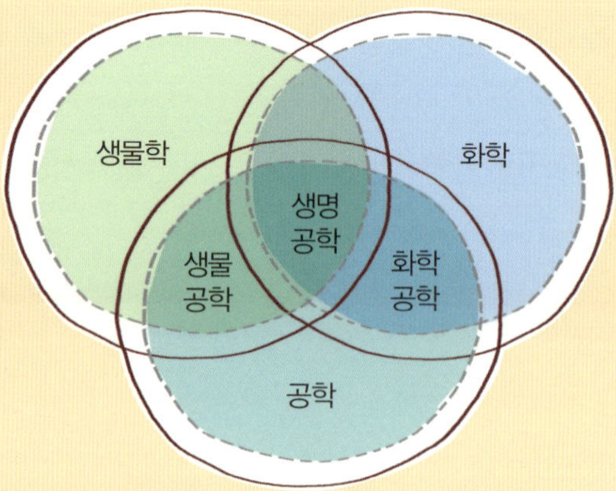

생물학

화학

생명
공학

생물
공학

화학
공학

공학

인간의 가장 근본적인 욕망 중의 하나는 잘 먹고 잘 사는 것이다. 새해마다 사람들이 무엇보다 먼저 건강과 경제적 부를 기원하는 것을 봐도 알 수 있다. 뿐만 아니라 오늘날 나라의 운명을 맡길 대통령을 선출할 때도 그 사람이 얼마나 경제를 발전시킬 수 있을까를 판단의 우선순위로 두고 결정한다. 그만큼 경제발전이 중요한 세상에 우리는 살고 있는 것이다. 물론 현재 우리나라의 경제상황이 온 국민들의 바람처럼 늘 청신호를 보내는 것은 아니지만, 1950년 전쟁 이후 60~70년대의 어려운 시대를 뒤돌아보면 정말 괄목할 만한 성장을 기록해 온 것은 사실이다. 동시대를 보낸 다른 나라들의 발전상황과 비교하면 더욱 뚜렷이 알 수 있다. 우리나라의 이러한 국가발전의 중심에는 IT로 대변되는 전자통신 반도체 산업이나 자동차 선박 등의 기계 산업 그리고 세계의 지붕을 쌓고 있는 건설 산업이 있다. 그들이 경제발전의 주역임을 부인할 수 없다.

하지만 이러한 산업의 발전만으로 우리나라의 장밋빛 미래를 장담할수 있을까? 최근 들어 '다음 세대는 무엇으로 살아갈까' 라는 질문이 끊임없이 대두되고 있다. 천연 자원이 부족해 세계 유가가 오를 때마다 가장 민감하게 반응할 수밖에 없는 입장에서 이러한 질문은 우리가 직면한 현실이고 또한 해결해야 할 가장 중요한 사항인 것이다. 이 같은 문제를 위해 국가나 혹은 기업들은 연구분석을 실시하여 미래산업을 예측하는 일을 게을리 하지 않고 있다. 우리나라는 '10대 차세대성장동력사업' 이라는 이름으로 미래 국가발전의 중요 산업들을 선정하였다. 그리고 연구개발을 위해 국가적으로 아낌없이 지원을 하고 있다. 이 같은 미래산업의 중심에 바로 생명공학이 있다.

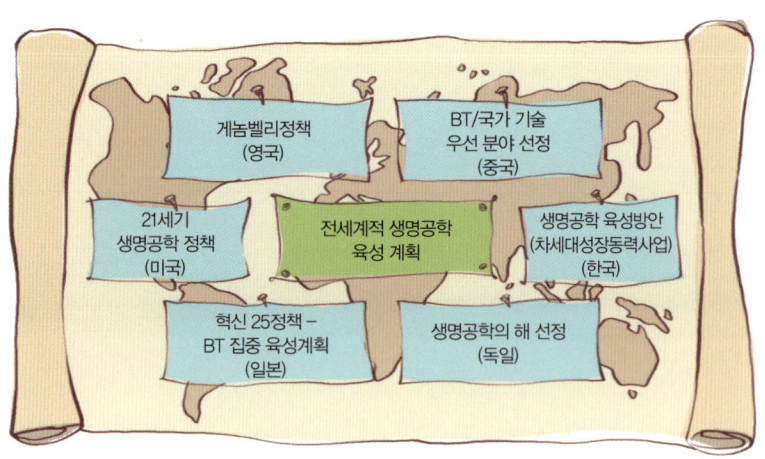

전 세계적으로 생명공학을 육성하기 위한 정책을 마련하고 있다.

교수님과 함께 떠나는
생명공학 여행

이는 우리나라뿐만이 아니다. 미국, 영국, 독일, 일본 등 선진국에서도 국가별로 이름은 다르지만 생명공학을 미래 국가발전의 원동력으로 보고 육성 지원을 아끼지 않고 있다. 특히 미국은 국립보건원(National Institute of Health)을 중심으로 오랜 기간 동안 생명과학 및 의학연구들을 지원하고 있는데, 2001년에 이미 그 지원 총예산이 200억 달러(원화로 18조)라는 천문학적인 비용에 달했다고 한다.

생명공학 분야가 왜 중요시되는 것일까? 그것은 경제적인 관점에서뿐만 아니라, 인간의 삶에 깊이 연관되어 있기 때문이다. 즉, 생명공학은 인류가 지구상에 존재하는 한 영원한 과제로 남아 있는 건강, 식량, 에너지 그리고 환경 등의 문제를 해결해 줄 중요한 분야인 것이다.

오늘날 체세포 동물복제에 성공하는 등 눈부신 발전을 해왔지만 생명공학과 관련된 기술개발은 꽃을 피우고 있는 절정의 시기라기보다는 이제 막 싹이 돋아나는 시기로 판단된다. 지금까지 마련된 발판을 바탕으로 더욱 발전해 나가야 할 단계인 것이다. 그런 만큼 도전할 수 있는 장이 넓고 발전의 가능

용어 팁

10대 차세대성장동력사업
2003년 8월 우리 정부는 앞으로 10년 뒤 한국경제를 책임질 대한민국 10대 차세대성장동력사업을 결정했다. 이 사업에는 디지털TV와 방송, 디스플레이, 지능형로봇, 미래형자동차, 차세대반도체, 차세대이동통신, 지능형 홈네트워크, 디지털콘텐츠와 SW솔루션, 차세대 전지, 바이오 신약과 장기 등이 포함된다. 또한 최근 2014년 정부 "신성장동력사업"에 BT와 관련된 녹색기술산업, 바이오제약 산업 등이 포함되어 있다.

tip

성은 무한하다.

특히 우리나라의 경우 전기전자와 같은 산업은 선진국과 비교해 크게 뒤지지 않는 분야로 평가되고 있으나, 생명공학 분야는 이 분야의 선두를 달리고 있는 미국과 비교해 볼 때 산업 점유율이 미미한 상황이기 때문에 더욱 관심을 가져야 한다. 오늘날의 생명공학은 나노, 전기전자, 정보 산업, 환경, 의학기술 등 다양한 분야에 접목되어 시너지를 가져오는 형태로 발전하고 있다. 때문에 우리나라의 생명공학기술은 전기전자, 컴퓨터 등의 산업발전과 맞물려 크게 발전할 잠재력을 가지고 있다 하겠다. 특히 최근 들어 많이 언급되고 있는 21세기, "4차 산업혁명"을 주도할 산업의 항목으로 "바이오기술"이 중요한 항목으로 등장하고 있으며, 우리 정부도 "바이오신약개발"을 프로젝트 후보의 하나로 선정, 사업전략과 인재 육성에 노력하고 있다. 생명공학은 미래의 주역인 우리 청소년들이 자신의 미래를 던져볼 만한 가치가 있는 분야인 것이다.

용어 팁

4차 산업혁명

인공지능에 의한 자동화와 연결성이 극대화되는 산업환경의 변화를 의미하며, 2016년 스위스 다보스에서 열린 "세계경제포럼"에서 처음 언급된 개념으로 쉽게는 인공지능을 가진 기계가 우리의 일자리를 빼앗아, 현재 7세 이하 어린이가 사회에 나가 직업을 선택할 때가 되면 65%는 지금은 없는 직업을 갖게 될 것이라는 이야기로도 생각 할 수 있다. 특히 3차 산업혁명을 기반으로 한 융합기술을 중요시하고 있으며 바이오산업/생명공학의 경우 디지털산업과의 융합된 산업을 이야기할 수 있다.

tip

교수님과 함께 떠나는
생명공학 여행

기초과학을 튼튼히

생명공학을 전공할 때 배우는 교과목들은 많은 경우 생물, 생화학, 의학, 약학, 농학 등의 전공에서 수강하는 과목들과 중복된다. 그 이유는 생명공학 분야가 특정 전공 및 분야에 한정되기보다는 다양한 학문들과 연관되어 함께 발전하고 있기 때문에 기본적으로 배워야 할 과목들을 공유하게 되는 것이다. 이 같은 이유로 오늘날에는 많은 대학에서 생명공학 및 생명과학과 관련된 유사학과를 통폐합하여 효율적이고 경쟁력 있는 전공 혹은 대학으로 변화 발전하는 경향이 있다. 다른 이공계 학과도 마찬가지이지만, 생명공학을 전공으로 택한 학생들은 대학 입학 후 전공에 대해 심도 있는 내용을 배우기 전에 기초과목을 수강하게 된다. 수학, 화학, 물리, 생물학 등을 포함하는 이들 기초과목들은 중고등학교 시절부터 배우는 과목들이다. 따라서 이 과목들에 대해 탄탄한 기초 실력을 가지고 있다면 대학공부에 많은 도움이 될 것이다. 특히 생물학은 생명공학의 기초가 되는 학문이다. 각종 생명체의 생명현상 원리에 대해 배우는 학문으로 생명공학을 전공하고 싶은 학생들은 잘 공부해 둘 필요가 있다. 생물학을 떠올릴 때 흔히 암기과목의 하나로 생각할 수 있으나, 그 속에서 다루는 생명현상에 대한 근본적인 이해가 무엇보다 중요하다.

"생명체란 무엇인가? 나는 어떻게 태어났을까?" 등 생명현상의 신비에 대한 의문을 가지고 해답을 찾아보려는 노력을 기울여 보자. 이같은 호기심들이 생명현상이라는 비밀을 접할 수 있는 출발점이 되기 때문이다. 생물학은 특히 고학년 때 배우게 되는 미생물, 동물, 식물 등 특정 생명체들에 대한 이해를 돕고, 그 생명체에서 일어나는 분자수준에서의 현상을 공부하는 데 있어서 중요한 바탕이 되기 때문에 탄탄한 생물학 기초지식을 쌓는 일은 미래 생명공학전공 공부에 커다란 도움을 줄 것이다.

또한 화학의 한 분야인 유기화학은 유기화합물의 구조 성질 반응 등에 대한 내용을 다루는데, 생명현상을 분자적인 수준에서 이해하는 데 매우 중요한 바탕이 된다. 특히 오늘날의 생명현상과 개발을 위한 연구가 분자수준에서 일어나는 일에 바탕을 두기 때문에 유기화학적인 기초는 매우 중요하다고 하겠다. 따라서 중고등학교 시절부터 화학 특히 유기화학과 관련된 공부를 열심히 해놓으면 기초가 튼튼한 생명공학도가 되는 데 도움이 될 것이다.

교수님과 함께 떠나는
생명공학 여행

컴퓨터활용은 자유자재로

다른 학문 분야에서도 마찬가지이지만 컴퓨터의 자유로운 활용은 오늘날의 생명공학 분야 탐구와 개발을 수행하는 데 있어서 매우 중요하다. 따라서 중고등학교 시절은 물론이고 대학생활 전반을 통하여 컴퓨터에 대해 익숙해지고, 그 활용도를 높여야 한다. 컴퓨터의 이용은 일반적인 경우와 보다 전문적인 경우, 크게 두 가지로 생각할 수 있다. 일반적인 경우는 생명공학자들이 일상적으로 논문이나 각종 자료를 찾고 분석하는 일, 그리고 DNA 염기나 단백질을 찾고 이미 만들어진 프로그램이나 시스템을 이용하여, 데이터를 분석하는 일에 활용하는 것이다. 이 경우 컴퓨터의 프로그램 자체를 이해하고 배울 필요는 없다. 생명정보학자나 생명시스템공학자와 같이 각종 생명체와 관련된 데이터를 체계적으로 수집 관리하고 분석하는 일에 종사하는 경우에는 컴퓨터 언어 및 프로그램 자체에도 능숙할 필요가 있다. 따라서 이 같은 분야에 종사하고자 하는 학생들은 수학, 통계학 그리고 프로그램언어 등에 관심을 가지고 지속적으로 공부하고 익숙해져야 한다.

인터넷 서핑은 자유롭게

오늘날 전 세계의 공개된 자료들은 '지식의 바다'인 인터넷을 통해 얻을 수 있다. 특히 우리나라는 세계 어떤 나라보다도 인터넷 접속이 용이하다. 오늘날 생명공학을 포함한 많은 분야에서 우리나라의 발전이 두드러지는 이유 중의 하나가 인터넷을 통한 정보 이용과 연관되어 있음을 부인하는 사람은 없을 것이다. 나도 종종 학회참석 등의 업무로 해외에 나갈 경우가 있는데, 지역에 따라 차이는 있겠지만 미국과 같은 선진국과 비교해도 우리나라의 인터넷 이용이 훨씬 더 용이하다는 것을 느끼게 된다. 우리는 호텔이나 가정 그리고 심지어는 레스토랑 등에서도 쉽게 인터넷에 접속할 수 있는 반면, 외국의 경우 인터넷 접속이 용이하지 않은 곳이 많을 뿐만 아니라, 이용 가능하더라도 비싼 이용료를 지불해야 하는 경우가 많다. 10년 전만 해도 논문이나 자료를 찾기 위해 도서관에 자주 들렀고 그것을 복사하는 데 어려움을 겪었다. 하지만 오늘날 인터넷의 발전은 학문을 탐구하는 데 있어서 중요한 역할을 수행해 오던 도서관의 역할까지 상당부분 무력화시켰다. 학문 탐구를 위해 도서관을 찾기보다는 자신의 책상 앞에 놓인 인터넷에 접속하는 사람들이 훨씬 많으니 말이다.

오늘날 컴퓨터 게임은 청소년들의 사회문제로 등장했다. 컴퓨터 게임이 사회적 문제를 야기하는 것 또한 사실이지만 최소한 한 가지 기여는 했다고 본다. 그것은 바로 우리 청소년들이 친구에게 전화를 거는 것만큼이나 쉽게 컴퓨터를 이용하고 인터넷에 접속할 수 있도록 만들어 준 점이다. 게임 대신 인터넷을 통해 각종 정보를 찾는 일부터 시도해 보자. 이 책을 읽고 있는 학생들이 관심을 갖고 있는 생명

공학 분야에 대한 각종 자료수집 및 미래 예측 등의 내용도 쉽게 접할 수 있을 것이다. 사람을 포함한 많은 생명체들의 유전자 혹은 단백질구조 등의 정보가 슈퍼컴퓨터에 입력되어 있는 오늘날에는 누가 먼저 정보를 찾아 이용하는가가 연구개발의 성패에 커다란 영향을 미칠 것이다. 그만큼 인터넷을 통하여 각종 자료를 활용하고 분석하는 일이 중요한 비중을 차지하고 있음은 자명하다.

세계공통어 영어는 필수

생명공학은 하루 앞을 내다보기 힘들 정도로 발전속도가 매우 빠른 첨단 분야다. 따라서 선진국의 정보를 빨리 받아들이고, 서로의 연구결과를 신속하게 교류하는 능력은 앞서가는 연구개발을 위해 필수적인 사항이다. 때문에 오늘날 과학 분야의 세계 공통언어인 영어에 능통한 학생은 미래 생명공학자로서 중요한 무기 하나를 더 가지고 있는 것이다. 앞서 언급한 인터넷을 이용한 정보검색 및 활용을 원활히 하기 위해서라도 탄탄한 영어실력은 매우 중요하다. 논문을 읽고 쓰기 위해 필요한 독해 및 작문 능력뿐만 아니라, 세미나 등을 통한 과학지식의 교류를 위해 능통한 영어 회화는 필수라고 하겠다. 이에 발맞추어 오늘날 많은 대학에서도 전공강의에 영어교재를 사용하는 것은 물론, 강의를 영어로 진행하는 경우가 점차 늘고 있다. 따라서 중고등학교 시절부터 읽고 쓰는 것뿐만 아니라, 듣고 말하는 영어 실력을 기른다면, 미래 공부에 커다란 도움이 될 것이다.

학문의 세계를 알고
나를 알면 미래가 열린다

학문에도 패션처럼 유행이 있다. 과거에 유행하고 관심을 끌었던 학문이나 직업이 현재에는 비인기 분야가 되고, 또한 과거에 크게 주목을 받지 못했던 학문이나 직업이 현재에는 각광을 받는 경우가 종종 있다. 이는 학문 분야와 직업에도 유행이 있기 때문이다. 따라서 이 유행에 대한 흐름을 읽고 예견하는 것은 미래지향적인 전공과 직업을 선택하는 데에 무엇보다 중요하다. 하지만 내일의 주식 가격을 예측하기 힘들 듯, 자신의 미래를 좌우할 수 있는 10~20년 후의 직종에 대한 선호도와 발전 가능성을 예측하는 것은 그리 쉽지만은 않다. 하지만 무엇보다 중요한 것은 미래의 선호도보다는 자신의 적성과 자기 스스로의 선호도를 아는 것이다. 현재 상황을 잘 살펴보고, 자신의 적성과 소양을 고려하여 전공을 선택하고 미래를 준비하는 것은 무엇보다 중요하다고 하겠다.

현재의 인기도, 주변의 권유 혹은 막연한 상상 등을 바탕으로 전공을

교수님과 함께 떠나는
생명공학 여행

선택했던 학생들을 종종 만난다. 다행히 그 전공에 적응하여 대학생활을 잘 해나가는 학생들도 많지만, 대학 입학 후 전공에서 배우는 내용이 자기 자신이 기대했던 것과 다르다는 것을 인식하거나 혹은 자신이 선택한 전공과 자신의 적성이 맞지 않음을 발견하는 학생들도 종종 있다. 이런 학생들의 경우 중도에 전공을 바꾼다거나 심지어는 학업을 중단하는 경우도 있는데, 이는 개인적으로나 사회적으로 커다란 손실을 가져온다. 오늘날 우리 중고등학교 학생들은 대학 진학을 위해 정해진 과목들을 기계적으로 공부해야만 하는 경우가 종종 있다. 그런 과정 때문에 중요한 것을 찾지 못하고 대학에 와서도 방황을 하게 되는 것이다.

자신이 관심 있는 학문 분야의 현재 상황을 알고, 미래의 흐름을 예측하여 미래 전공을 선택한 후 이에 대해 하나하나 준비해 나가는 것은 성공적인 대학생활 그리고 미래에 자기가 원하는 분야에서 전문가로서 만족스러운 삶을 살아가는 데 있어 매우 중요하다. 이 글을 읽는 학생들은 그것을 꼭 찾길 바란다.

생명공학과 졸업 후 무엇을 하게 될까?

2000년대 초 미국이 경기침체로 인해 의료 및 건강서비스 관련 회사들이 어려움을 겪을 때에도, 생명공학은 실리콘밸리에서 두드러진 성장세를 보였다. 긴 불황에도 불구하고 유일하게 일자리를 늘려온 분야가 생명공학 분야이다. 실리콘밸리의 산·학·연 합동기구인 조인트벤처는 2007년 2분기 미국 내 벤처캐피털들의 투자가 3년 만에 처음으로 전 분기보다 40억 달러인 약 13.6퍼센트 가량 증가한 사실에 주목했다. 주간경제지 〈비즈니스 위크〉는 실리콘밸리가 여전히 혁신과 하이테크의 중심이라는 분석을 내놓았다. 그 중심에 바로 생명공학 분야가 있는 것이다.

지금의 생명공학 분야는 연구개발에 치중하는 단계이기 때문에 고용창출에 대한 기대는 크지 않은 상황이다. 하지만 미래에 커다란 잠재력을 가지는 중요 분야임에 틀림없다. 한국의 생명공학산업은 2000년 미화 12억 불에서 2005년 27억 1천만 불로 성장하며 연평균 18퍼

교수님과 함께 떠나는
생명공학 여행

센트의 증가를 보였다. 전 세계 생명공학 관련 바이오 시장 규모는 가장 비중이 크고 부가가치가 높은 의약 등을 중심으로 2013년에 약 330조 원에 이르렀으며, 2020년에는 635조 원 규모로 가파르게 성장할 것으로 예측된다. 따라서 각국은 세계 시장을 선점하기 위해 바이오산업의 R&D 투자 경쟁을 벌이고 있다. 우리나라도 정부의 적극적인 투자 의지에 따라 바이오산업 생산 규모가 지속적인 증가세를 보이며, 2013년 정부의 바이오산업 분야 투자 규모는 약 2조 5,283억 원으로, 연평균 증가율 14%에 이르는 것으로 나타났다. 이런 현재의 경향과 미래의 발전 기대치 그리고 우리가 가장 관심을 가지는 건강과 식량, 에너지와의 밀접한 관계로 볼 때 생명공학 분야의 발전은 지속적으로 이어질 전망이다. 또한 현재의 학문은 상호동반적으로 발전이 더욱 가속화되고 있다. 생명공학의 경우 나노, 전자 등의 학문과 합체된 융합학문의 형태로 발전될 것으로 기대된다.

그렇다면 생명공학과를 졸업한 학생들은 어떤 일을 하며 자신의 꿈을 펼치게 될까? 국가와 기업의 생명공학 관련 연구소, 제약, 식품, 의과학, 보건, 환경과 관련된 다양한 분야에서 연구원 혹은 생산, 경영 등의 업무를 수행하고 있다. 생명공학도들에게 열려있는 다양한 직종에 대해 보다 자세하게 살펴보자.

먼저 의과학 분야에서 생명공학 전공의 학생들은 미국의 프리매드 (PreMed, 의대진학을 위한 예비전공과정) 개념으로 생명과학과 공학에 대한 지식을 쌓은 후 의치학 대학원에 진학하여 의사가 되거나 의생명 과학자로 활동할 수도 있다. 의생명과학자들은 신약개발, 진단 및 치료방법 개발 등에 참여하는 과학자들이다. 생명공학, 생물, 생화학 등을 학부에서 배운 후 의과대학에 진출하여 사람에 관한 임상지식과 기술을 배운 후 관련 업종에 종사하게 되면 좀더 심도있고 폭넓은 연구개발을 수행할 기회가 높아진다고 하겠다. 또한 생명공학 전공자들은 생명공학 관련 산업체에서 컨설턴트로 일할 수 있다. 주로 생명공학 관련 제품의 개발, 분석, 공정 등에 대한 자문과, 연구원과 기술자를 선발하고 훈련하는 업무를 담당한다. 이와 함께 산업체 혹은 국공립연구소의 책임자로서 연구과제, 각종연구 관련업무과 장비 관련 전체를 총괄한다. 인력스카우트, 연구의 각종 과제 및 프로 과제를 결정하고 미래 과제를 기획하며, 회사경영자의 파트너로서 과제 및 제품 전반에 대해 컨설팅할 수 있다.

이와 더불어 현재의 눈부신 생명공학의 발전은 생명공학 관련 각종 기술 및 제품개발로 이어졌고, 이들의 경제성을 확보하기 위한 특허화 전략은 경제적으로 가장 중요한 이슈가 되고 있다. 생명공학 및 관련 분야에 전문지식을 가지는 전문가가 절대적으로 필요하게 된 것이다. 생명공학을 전공한 변리사 혹은 변호사가 각광받고 있는 것은 이 때문이다. 생명공학을 전공한 후 변리사나 변호사의 길을 걷게 될 경우에도 뛰어난 능력을 가지는 전문 직업인이 될 수 있다. 오늘날 국가에서 치르는 변리사 등의 국가고시에 분자생물학, 미생물학 및 식품학 등의 다양한 전공과 관련된 문제가 출제되고 있는 것은 당

연한 일이라 하겠다. 이 외에도 벤처기업을 설립하여 경영하기도 하고, 환경보건과 안전 전문가, 법의학 과학자, 생명공학산업 연구원 엔지니어 혹은 관리자나 품질 규제 분석가 등 다양한 직종에서 꿈을 펼칠 수 있다. 마지막으로 기술고시 등 국가 자격시험을 통해 공무원으로서 식품 및 의학과 관련된 업무를 관리 감독하는 역할을 수행할 수도 있다. 저자가 소속되어 있는 학교의 최근 통계를 보면, 졸업생의 47퍼센트가 기업체에서 근무하고 있으며, 10퍼센트 이상의 졸업생들이 대학교수, 8퍼센트가 기업체 대표로 활동하고 있다. 또한 10퍼센트의 학생이 국공립연구소에서 일하고 있으며, 이외에 의사, 변리사, 법조인 등 다양한 분야에서 활동하고 있다.

미래에 새롭게 등장할
생명공학 관련 직업들은 무엇일까?

생명공학이 발전을 거듭하면서 앞서 살펴본 다양한 직업 이외에도 새로운 형태의 직업들이 많이 생겨날 것이다. 지금 이 책을 읽고 있는 학생들이 대학을 졸업하고 직업을 선택할 5년 혹은 10년 후에 각광을 받을 생명공학 관련 직업에는 어떤 것들이 있을까?

우선 생명과학 및 공학에 관한 기본지식은 물론 프로그램과 컴퓨터언어 등의 지식을 바탕으로 한 생명정보 전문가를 상상할 수 있다. 생명정보 전문가란 유전자 및 단백질을 포함한 각종 생명정보의 축적을 바탕으로 정보를 수집하고 디자인하거나 분석하는 일을 한다. 주로 연구개발 기관에서 활동하게 된다.

복잡하고 오묘한 생명현상을 사람이 만든 프로그램으로 예측하거나 가상적으로 수행 해 보는 일이 현 상황에서는 크게 의미를 부여할 수 없을지 모른다. 하지만 지속되는 데이터 축적과 실험을 바탕으로 정보를 분석하고, 체계적으로 재구성하는 일은 이 분야의 최종적인 목적
과 관련되어 있기 때문에 점차 중요
성이 증가될 것으로 예상된다.

또한 오늘날 생명공학은 다른 여러 학문
을 접목한 형태로 발전하고 있다. 생명-
의학, 생명-전자 컴퓨터, 생명-나노 융
합 등이 그 좋은 예다. 또한 커다란 경제
및 산업화와 연계시키기 위해서는 그 같

교수님과 함께 떠나는
생명공학 여행

은 융합기술의 형태로 발전해야 하는 경우가 많다. 예로써 미세한 칩을 이용하여 간단히 할 수 있는 유전자진단 기술이 개발되고, 나노입자를 전달체로 이용하여 각종 약물이나 단백질 등을 세포에 전달하여 치료에 이용하기도 한다. 따라서, 생명공학 분야와 다른 융합 분야에 정통하여 연구개발 혹은 산업화를 주도할 포괄적인 지식을 갖춘 전문가가 절대적으로 필요하다.

이 같은 업무를 담당할 직업에 대해 달리 이름이 붙여져 있지는 않지만 미래에 매우 중요한 분야가 될 것이다. 이를 위해 대학시절부터 추가적인 과목들을 이수하여 2개 분야에서 학위를 취득하거나, 대학원 등에서 생명공학이 아닌 타 분야를 전공하여 융합형태의 학문에 익숙해져야 한다. 이것은 미래가 요구하는 인재로서 자신의 가치를 높이는 계기가 될 것이다.

My Dream

생명공학 여행을 위한 기초 지식

미리 엿보는 대학생활
생명공학과 원정기

생명공학은 생명과학의 탄탄한 기초를 바탕으로 공학이 접목된 형태의 응용학문이다. 따라서 생명공학 전공을 통해 배우는 많은 기초 교과목들은 생물, 생화학, 의학, 약학, 농학 등의 전공에서 배우는 과목들과 같다. 생명공학을 전공할 때 어떤 과목들을 수강하고 배울까? '나생명' 군의 대학생활을 통해 생명공학 전공의 교과과정에 대한 여행을 떠나보자.

생명공학도로서의 기초를 다지는 1학년

- 중고등학교 때 배운 과목을 좀더 자세히 배우고, 생명공학과가 속해 있는 단과 대학의 성격에 따라 정해놓은 기초과목들을 학습하여, 생명공학 전공을 공부하기 위한 기초를 확실히 다지는 시기
- 배우는 과목: 수학, 화학, 물리, 생물, 선형대수, 미분방정식, 공학전자계산 등의 계열 및 전공 기초 과목

생명공학 여행을 위한
기초 지식

생명공학자가 되는 부푼 꿈을 안고 대학에 입학한 나생명 군. 신입생
환영회, 각종 동아리 모임에 기웃, 소개팅 등 각종 즐거운 대학생활
에 참여하다 보니, 어느덧 기말고사 기간이다. 입학 후 정신없이 대
학생활을 즐기다가 시험날짜가 임박해서야 온몸에 전율을 느끼며 열
공 모드에 돌입한다. 중고등학교 시절 공부에는 선수로 불릴 만큼 잘
했던 나생명 군. 교과서, 수업시간에 작성한 노트 그리고 선배들이
물려준 시험 족보집 등을 바탕으로 나름대로 열심히 공부한다. 무사
히 기말고사를 마치고 리포트까지 제출했다.

야! 방학이다! 대학진학 후 첫 번째 맞는 여름방학. 고등학교 졸업 후
시작한 아르바이트로 모은 돈과 대학진학 때 부모님께 받은 특별 후
원금으로 드디어 꿈에도 그리던 친구들과의 해외여행을 계획한다.

나생명 군이 다니는 학교의 생명공학과에서는 1학
년 동안 다른 이공계 학과들과 마찬가지로 전공과
목에 대해 배우기 전 수학, 화학, 물리, 생물학을 포
함한 과목들을 계열 기초로 배운다. 학과 공부가 어
려울 것 같아 내심 겁을 먹던 나생명 군. 하지만 중
고등학교 때부터 워낙 생물을 좋아했고, 수학, 물
리, 화학 등의 기본 과목에 대해 잘 공부해 놓은 터라
즐겁게 생명공학과 관련된 기본지식을 배우며 열심
히 공부할 수 있었다.

생명공학은 생명과학
의 발전에 근본을 두고
있으며 서로 떼려야 뗄
수 없는 관계에 있다.

본격적인 전공수업이 시작되는 2학년

- 전공과 연관된 과목 배우기 시작
- 배우는 과목: 유기화학, 생물통계학, 일반미생물학, 물리화학 등 전공기초과목과 생화학I, 생화학II, 생물유기화학, 세포생물학, 응용미생물학, 물리화학, 생물전달현상, 생물공학 등의 선택 및 필수 과목
- 분자생명공학 기초 실험을 통해 전공에 대한 실험실습도 경험하고, 보고서도 작성

2학년이 된 나생명 군은 새로 들어온 신입생을 바라보며, 대학에 입학한 지가 엊그제 같은데 어느덧 1년이 지난 것을 새삼 느끼게 된다. 학창시절 막연히 상상했던 것과는 다른 실제 대학생활이 어떤 것인지 실감하며, 자신이 스스로 할 일을 찾아 하지 않으면, 안 된다는 현실을 직시하게 된다. 지난 학기 열심히 공부했지만 장학금을 타지 못한 나생명 군, 이번에는 기필코 장학금을 받아 친구들에게 자신의 능력을 한껏 보여주기로 결심한다. 2학년 1학기에는 전공기초과목들을 이수하게 된다. 유기화학을 기본으로 일반미생물학, 생물통계학 등의 과목을 수강할 수 있다. 나생명 군은 자신이 관심을 가지고 있고, 전공에 좀 더 도움이 될 것을 고려하여 유기화학, 생물통계학 등의 전공기초과목을 선택하여 수강하기로 한다. 1학년 때 배운 기초과목들과는 달리 과목 명칭부터 어렵다. 이 과목들을 통해 무엇을 배우는 것일까? 이 중 생물통계학과 유기화학에 대해 간단히 알아보자.

생물통계학은 원래 다양한 각종 생명체들 종, 개체 혹은 군집 간의 관련성과 차별성 등을 통계학적으로 분류 분석하여 생물학적 연구에

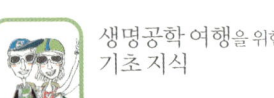

생명공학 여행을 위한
기초 지식

이용하는 내용에 대해 배우는 과목이었다. 포스트 게놈 시대인 오늘날에는 축적되는 분자수준의 수많은 생명정보를 통계적으로 분석하여, 생명체를 체계적으로 이해하고 이용하는 내용에 대해서 배운다. 유기화학은 주로 탄소화합물(종종 질소, 산소, 황, 인산 등과 다양하게 결합함)의 구조, 성질, 성분 반응 그리고 합성 등에 대해 배우는 학문이다. 좀더 쉽게는 살아있는 생명체와 좀더 관련된 화학인 것이다.

2학년 2학기에 들어서면서, 본격적으로 전공과 직접적으로 연관된 과목들인 생화학I과 생화학II, 생물유기화학, 세포생물학, 응용미생물학, 물리화학, 생물전달현상, 생물공학 등의 과목을 배우게 된다. 이 중 물리화학과 생화학에 대해 살펴보자.

물리화학은 열역학, 물리화학적 평형, 분자운동 및 전달현상, 반응속도론 등의 관점에서 생체 내에서 일어나는 현상을 분석하고 응용하는 방법을 배우는 학문이다. 배우는 내용이 좀 어렵게 느껴졌지만, 나생명 군은 자연상태에서 발생하는 일들이 자유에너지가 낮은 형태로 일어난다는 진리를 배우며, 이 원리가 생명현상과 관련된 중요 물질인 단백질이나 이중나선형 DNA등이 자연상태의 구조를 취하는 데에도 중요한 역할을 수행한다는 원리를 터득하고 감탄하게 된다.

생화학 과목을 통해서는 생체를 구성하고 있는 기본 물질들인 단백질, 지방, 탄수화물, 핵산 등의 기본구조에 대해 공부할 수 있다. 생화학은 생체에서 일어나는 대사, 생명현상을 조절하는 유전자와 그리고 기능을 수행하는 단백질이 만들어지는 과정과 그들의 구조와 기능에 대해 자세히 배울 수 있다. 특히 생화학 과목은 생체 내에서 일어나는 생명현상을 분자수준에서 이해하는 데 중요한 과목이기 때문에 생명공학을 공부하는 모든 학생들은 생화학에 대한 기초를 튼튼히 해놓아야 한다고 선배들이 누누이 얘기했다. 나생명 군은 수업이 끝난 직후 친구와 특별한 약속이나 일이 없는 경우 도서관에 남아서 배운 내용을 복습하는 경우가 많았다. 생화학에서 배우는 내용이 많은 경우 분자생물학, 세포학, 미생물학을 포함하는 다른 생명관련 과목에서 배우는 내용과 중복되거나, 그들 과목을 수강하는 데 도움이 된다는 것을 3학년이 되서 확인할 수 있었다. 생화학을 열심히 공부한 나생명 군, 뿌듯한 마음을 감출 수 없다.

2학년 기간 동안 나생명 군은 전공과 관련된 실험실습을 처음으로 하게 된다. 타 과목을 통해 수업시간에 배운 실험과 관련된 내용들이 잘 이해가 되지 않았던 나생명 군은 첫 실험실습을 앞두고 무척 들뜬다. 먼저 실험실 안전수칙에 대해 하나하나 배우고, 각종 생명공학관련 장비와 기기에 대한 지침을 듣게 된다.

권총과 비슷한 '파이펫맨' 이라는 마이크로 단위의 액체를 옮길 수 있는 파이펫을 흥미 삼아 직접 꾹꾹 눌러보다가 대학원생 조교로부터 주의사항을 듣기도 한다. 실험실습을 통해 나생명 군은 과목에서 배운 내용을 확인하게 되어 배움의 재미가 배가 되었다. 세포를 배양해 보기도 했으며, 대장균에서 DNA를 분리하고 증폭하거나 제한효소를 이용해 절단하는 등 말로만 듣던 DNA를 다루는 법을 배웠다.

생명공학 여행을 위한
기초 지식

직접 단백질을 대장균을 이용해서 생산한 후 정제해 보고 정량도 해 볼 수 있게 되었다. 생명공학기초실험 등의 이름으로 개설되는 이 과목을 통해 생명공학관련 기초실험은 물론 데이터 분석 그리고 보고서 작성요령까지 습득하게 되었다. 배움에 흥이 난 나생명 군. 학교생활에 더욱 충실해졌고, 2학년 2학기에는 성적우수학생에게 주어지는 장학금까지 타게 된다.

다양한 전공과목 수강과 실습을 통해 배움을 넓히는 3학년

- 배우는 과목: 응용생화학, 분자생물학, 미생물공학, 화학생물학, 계산화학, 생물공학, 생물재료공학, 신약개발공정 등의 전공과목
- 미생물 생물공학실험 및 생명공학전공실험 등의 실험 실습 과목을 통해 배움을 넓히는 시기
- 학기 중에 인턴연구원 혹은 실습생 제도를 이용하는 것은 좋은 기회

장학금까지 타며 배움의 기쁨을 만끽하던 나생명 군. 그 기쁨도 잠시, 국민의 의무를 다하기 위해 군대에 입대한다. 군대를 다녀와서 안정된 상황에서 더욱 열심히 공부하여, 졸업 후 자신이 원하는 직장에 들어가서 일하는 것이 낫겠다는 생각으로 입대한다. 군대를 다녀온 나생명 군. 아직 고등학생 티를 못 벗은 신입생을 보며 지난날 자신의 모습을 떠올리며 웃음 지을 수 있는 여유를 갖게 되었다. 군 생활을 통해 배운 인내심과 자신의 미래에 대한 책임감이 커진 나생명 군,

더욱 학과 공부에 박차를 가한다. 자신의 관심과 적성을 다시 한 번 생각하며, 미래에 어떤 일을 하는 것이 좋을지에 대해 고민하는 시간을 갖기도 한다. 3학년 기간 동안 나생명 군은 응용생화학, 분자생물학, 미생물공학, 화학생물학, 계산화학, 생물공학, 생물재료공학, 신약개발공정 등의 전공과 관련된 과목들을 이수하게 된다. 이와 더불어 미생물 생물공학실험 및 생명공학전공실험 등 수업을 통하여 배운 내용을 실험을 통해 접해 볼 수 있다.

3학년 기간에 배우는 과목 중 분자생물학은 생명현상의 기본을 분자 수준에서 이해하는데 꼭 필요한 것임을 선배로부터 들어 이미 알고 있었던 나생명 군. 분자생물학과 관련된 공부를 더욱 열심히 하게 된다. 분자생물학 강의시간을 통해서 DNA와 RNA 같은 핵산물질, 기능을 수행하는 단백질 등을 포함한 생체 내의 중요한 물질들의 구조와 기능에 대해 배우게 되었다. 뿐만 아니라, 생물체의 생명현상인 성장, 자손 증식, 변이, 발생, 분화 등이 분자수준에서 어떻게 일어나는지에 대해 알게 되었다. 무엇보다도, DNA의 유전정보가 어떻게 해독되어 생명체에서 기능을 수행하는 단백질로 만들어지는지에 대해 배우면서 생명의 신비와 오묘함을 깨닫게 되었다. 그와 더불어 각종 분자생물학 또는 생명공학에 이용되는 각종 연구방법에 대한 이론도 자세히 배울 수 있었다. 이 같은 지식은 함께 진행되는 실험과 어울려 이론과 실제를 더불어 배울 수 있는 기회였다. 나생명 군은 분자생물학 과목에서 A학점을 받았고, 스스로 생명공학도에게 필요

생명공학 여행을 위한
기초 지식

한 생명과학에 대해 한층 더 이해도가 높아져 있음을 피부로 느낄 수 있게 되었다.

자신의 관심과 적성을 다시 한 번 생각하며, 미래에 어떤 일을 하는 것이 좋을지에 대해 고민하는 시간을 갖기도 한다.

나생명 군은 미생물생명공학 과목에도 많은 관심을 갖게 되는데, 미생물은 하찮아 보이지만 자연계를 구성하는 주요 생명체일 뿐만 아니라, 생명공학연구개발에 없어서는 안 될 동반자임을 배우게 되었다. 또한 모든 분자생물학적 유전자 재조합기술에 미생물이 없어서는 안 될 중요한 도구임을 알게 된 것이다. 미생물은 각종 유용한 단백질을 생산하는 데 사용될 수 있음을 알게 되었다. 병원성 미생물을 제어하는 방법을 개발하여 환자를 치료하고, 쓰레기와 환경오염 물질을 제거하거나, 바이오 에너지를 생산하는 등에도 미생물을 이용한 생명공학이 이용됨을 배울 수 있었다.

군대 복학 후 만나게 된 나생명 군의 후배 김신약 양은 일찍부터 신약개발 등의 분야에 관심을 보여왔으며, 화학생물학, 신약개발공정, 생물공학 등의 과목에 많은 관심을 가지고 집중적으로 공부하고 있다. 나생명 군은 방과 후 가끔씩 김신약 양을 포함한 몇몇 친구들을 만나 관심 있는 분야에 대해 토의하고 생각하는 기회도 갖게 되었다. 나생명 군이 공부하는 대학에서는 생명공학전공 학생들이 3학년 여름방학부터 개별교수 연구실에서 인턴연구원 혹은 실습생으로 생활해 볼 기회가 제공된다. 인턴연구원 경험은 수업시간에 배우지 못한 내용을 공부할 수 있는 소중한 기회이다. 이 제도는 서구의 대학들은 물론이고, 우리나라에서도 많은 대학에서 실행되고 있는 제도로 연구실을 개방하는 담당교수와 학생 상호 간 동의에 의해 기회가 제공될 수 있다. 나생명 군은 자신이 많은 관심을 가지고 있는 세포치료에 대해 연구하고 계신 교수님의 연구실에 지원해 인턴연구원으로 일해 볼 기회를 갖게 되었다. 자신이 관심 있는 분야에서 경험을 얻는다는 커다란 기쁨으로 인턴연구원 생활을 열심히 수행했다. 연구원 기간 동안의 연구결과, 성실도, 그리고 보고서 작성 및 구두발표 등을 평가하여 학점을 부여한다는 말을 들은 나생명 군. 더욱 열심히 연구를 수행했으며 좋은 결과를 얻을 수 있게 되었다. 인턴연구원 생활을 마치게 된 나생명 군은 개별실험실에서의 생활이 연구 경험뿐만 아니라 대학원생은 물론 교수님들로부터 직접 연구지도를 받을 수 있는 소중한 기회임을 알게 된다.

진정한 생명공학도가 되기 위한 마무리 준비 4학년

- 배우는 과목 : 면역학, 생리활성물질, 식품공정공학, 생물분리, 나노생명공학, 분자설계, 생물시스템학, 생명정보학, 의약화학, 분자생명공학(유전공학), 대사공학, 바이오 산업공학 등
- 자신의 진로 결정하기

자신의 꿈에 한 발짝 다가선 나생명 군. 대학생활이 너무도 빨리 지나감을 느끼며, 졸업 전 마지막 남은 한 해를 멋지게 마무리해 보기로

생명공학 여행을 위한
기초 지식

한다. 특히 과목선택에서부터 미래 직업과 관련된 과목을 신중히 검토하여 수강하고, 최종적으로 진로 결정을 위해 마지막 고심을 한다.

4학년이 된 나생명 군은 면역학, 생리활성물질, 식품공정공학, 생물분리, 나노생명공학, 분자설계, 생물시스템학, 생명정보학, 의약화학, 유전공학, 대사공학, 바이오 산업공학 등 좀더 특이성 있는 전공분야들을 접하고, 관심 있는 몇몇 과목을 수강하게 되었다. 유전공학 과목을 통해서 원래 분자생물학과 세포학 같은 전공필수와 기초과목에서 배운 내용을 좀더 심화된 형태로 응용하고, 산업에 적용하는 방법을 배우게 되었다. 특히 다양한 유전자재조합기술에 대한 원리와 방법에 대해 상세히 배울 수 있었고, 만들어진 각종 재조합 DNA를 다양한 세포와 생명체에 어떻게 적용하고 이용하는지에 대해 배울 수 있었다. 생명정보학 과목을 통해서 지금까지 축적된 다양한 세포나 생명체와 관련된 DNA, 단백질 등을 포함하는 각종 데이터를 어떻게 정리하고, 찾고 이용하고 분석하는지에 대해 알 수 있었다. 또한 이 같은 방대한 자료를 어떻게 연구개발 혹은 산업에 적용할 수 있는지에 대해 현실감 있게 습득할 수 있었다.

김신약 양의 경우에는 오래전부터 자신이 화학 분야에 소질이 있음을 알고 있었고, 신약개발과 관련된 과목들을 집중적으로 수강하여 미래를 준비했다. 의약화학을 통해 물질을 검색하고 설계하여 구조를 바탕으로 기능성이 최적화된 신약후보 물질을 도출하는 과정에 대해 상세히 배울 수 있었다. 분자설계의 경우 수업시간에 컴퓨터를 이용하여, 각종 분자의 특성을 구조이해를 바탕으로 한 모델링를 통해 분석 예측하여 기능성을 발굴하거나 문제점을 예측하고 해결하는 방법을 습득하였다. 직접 컴퓨터 속에서 분자들을 회전시키며 맞추어 보는 실습을 통해 분자 모델링을 경험한 김신약 양. 감탄하며 이 분야를 미래 직업 분야로 선택하기로 한다. 하지만, 김신약 양은 이들 과목들을 통해서 신약제품화 과정을 거쳐 신약이 개발되기까지 얼마나 어렵고 비용이 많이 들어가는지 절실히 알게 되었다.

대학의 마지막 학년인 4학년 기간 동안 열심히 공부하던 나생명 군은 어느덧 졸업의 문턱에 와 있는 자신을 발견한다. 자신의 꿈을 위해 열심히 노력하며 실력을 갖춘 나생명 군! 대학생활 중에 학과 친구들과 방문해 본 경험이 있는 치료용 세포를 생산하는 전망있는 회사에 졸업전 취직된다. 전문지식을 바탕으로 미래의 더 큰 꿈을 실현하기 위해 대학원에 진학한 친구들, 의사나 의생명과학자가 되기 위해 의대에 진학이 예정된 친구들 모두모두 미래에 대한 푸른 꿈을 안고 교문을 나선다.

생명공학 여행을 위한
기초 지식

대학생활 노하우

첫술에 배부르랴! 차근차근 한 걸음부터!

미래 생명공학자를 꿈꾸는 학생들이 오해하지 말아야 할 것이 있다. 생명공학과에 진학하기만 하면 동물복제를 하거나 놀랄 만한 신약을 만드는 등 금방이라도 무언가 대단한 일을 할 수 있을 거라고 기대할 수도 있는데, 그 같은 막연한 상상은 금물이다. 물론 이러한 상상이 모두 허황된 것은 아니지만, 대학공부는 미래 생명공학도가 되기 위해 능력을 쌓는 준비단계인 것이다. 또한 생명공학과 관련된 기술은 종류가 다양하기 때문에 대학에서 전부 배울 수 없는 것이 일반적이고, 기술을 익혔다고 해서 금방 활용된다는 보장이 없다. 따라서 대학공부를 통해 다양하고 기본적인 지식과 기술을 익히면, 미래에 자신이 수행하고 종사하게 될 분야에서 새로운 연구개발에 참여할 때 쉽게 적응할 수 있을 것이고, 이것이 곧 성공에 이르는 지름길이 될 것이다.

동기부여에 의한 자발적인 공부

생명공학은 살아있는 생명체를 다루기 때문에, 주어진 조건과 상황에 따라 실험결과가 달라질 수 있어 연구개발이 쉽지 않다. 대부분의 연구개발을 위해서는 특정설비가 갖추어진 장소가 필요하며, 특정한 실험을 위해 특수한 샘플이나 동물들을 필요로 하는 경우도 많아 대학생활을 통해 모든 것을 경험하고 배우기는 현실적으로 어렵다. 대학생활은 유능한 미래 생명공학자를 양성하기 위한 준비단계이며, 많은 경우 대학원, 자신이 근무하는 회사나 연구소에서 추가적으로 더 배울 수 있다. 따라서 생명공학과 관련된 전공을 선택할 경우 대학공부를 넘어서 대학원에 진학하여 특정 분야를 배우고, 연구한 후 전문직업을 갖게 되는 경우가 많다.

앞에서 언급한 대로 교수연구실에서 인턴 혹은 보조 연구원으로 일을 해보는 일은 관련 분야에서 유능한 미래 생명공학자가 되는 데 좋은 경험이 될 것이다. 연구실 생활을 통해 각종 연구법을 습득할 수 있을 뿐만 아니라 실험실 생활을 함께 배울 수 있기 때문이다. 특히 이 기간 동안 학생들은 관심 분야에 대한 적성을 스스로 판단해 볼 수 있어 이 프로그램은 학생들로부터 매우 좋은 반응을 얻고 있다.

인턴연구원 생활은 담당교수와의 상의를 통해 방학 기간뿐만 아니라, 학기 중에도 이어질 수 있다. 대학원 진학과 미래직업 및 진로선택에 결정적인 영향을 미칠 수 있으므로 이러한 기회를 적극적으로 활용해 보자. 또한 인턴연구원 생활은 학점과 연계될 수도 있고 많은 것을 배울 수 있으니 그야말로 일석이조의 효과가 아니겠는가?

학부학생이 수행한 연구결과가 국내외 포스터 발표나 심지어는 논문에도 게재되는 기회가 생길 수도 있으니, 인턴연구원 생활의 경험은 대학생활 기간 동안 빼놓을 수 없는 소중한 경험이라 하겠다. 물론 강의시간과는 별개로 많은 부수적인 시간과 노력을 필요로 하기 때문에 이 점은 염두에 두어야 한다.

성공적인 대학생활을 위한 동아리 활동
대학생활 동안 공통관심사를 가지는 학생들끼리 책이나

논문을 읽고 발표 토의하는 동아리 형태의 활동을 활발히 할 것을 적극 권하고 싶다. 매주 혹은 한 달에 한 번이라도, 서로 자료를 공유하여 읽거나 생각한 후 발표하고 토의하는 것은 자기 발전을 위해 매우 중요한 활동이 될 것이다. 종종 관련 분야의 교수 혹은 전문가를 초청하여 자문형식의 행사도 진행할 수 있을 것이다. 또한 동아리 활동을 더욱 활성화시켜 졸업생들이 진출해 있는 연구소나 회사 등을 방문하여 생명공학관련 현장을 둘러보고 조언을 얻는 일도 매우 유익할 것이다. 특정 과목이나 학과차원에서 준비된 연구소나 공장을 견학하는 기회도 빠뜨리지 말고 참석하도록 하자. 강의나 사진으로만 접할 수 있었던 것들을 실제로 경험할 수 있는 매우 중요한 기회가 되기 때문이다.

호기심과 탐구력은 생명공학의 중요한 원동력!

무엇보다 중요한 것은 수업시간뿐만 아니라 일상에서도 생명공학과 관련된 이야기를 듣거나 접했을 때 호기심 어린 눈으로 의문을 던지고 해답을 찾아보려는 마음의 자세이다. 가끔씩 과거에 과목을 수강하였거나 실험실에서 연구를 수행했던 학생으로부터 과거의 배움에 대한 감사편지를 받게 되는 경우가 있다. 그 경우 대부분은 내가 그 학생에게 특별한 가르침을 주었기 때문이 아니라, 그 학생이 스스로 호기심을 가지고 노력한 결과 남다른 성취를 이룬 것이라 생각된다.

생명공학의 이해를 위한 생명현상 이야기

신비로운 생명체 이야기

생명공학은 각종 생명현상을 인위적으로 조절하여 사람을 이롭게 하는 학문이다. 따라서 생명공학의 올바른 이해를 위해서는 먼저 생명체는 무엇이고, 생명체는 어떻게 생명현상을 이어가는지에 대해 알 필요가 있다. 생물(생명체)과 무생물은 과연 어떤 차이가 있을까? 동물이나 곤충 등 움직이는 것들은 생물이고, 움직이지 않는 것들은 무생물일까? 그렇다면, 식물이나 이끼 같은 생명체는 어디에 속하는 것일까? 이 같은 의문을 해결하기 위해서 생물은 어떤 특징이 있는지 알아보도록 하자.

우선 생명체는 영양분을 흡수하거나, 산소, 빛, 물 등을 받아들이고 변화시켜 자신이 살아가는 데 필요한 에너지를 만들거나 필요한 물질로 바꿀 수 있어야 한다. 또한 생명체는 성장하고 자손을 번식하는 중요한 특징을 갖고 있다. 반면 돌이나 시계 같은 무생물은 영양분이

나 산소, 빛 등을 주어도 성장이나 번식에 아무런 변화가 없다.

생명현상을 조절하는 물질들

생명체가 어떻게 생명현상을 이어가는지 이해하기 위해서는 먼저 생명체에 대한 정보를 지니거나 생명현상을 조절하는 기본 물질들에 대해 알아야 한다.

세포의 유전정보와 관련된 핵산(DNA, RNA)과 기능을 담당하는 단백질들이 세포의 생명현상을 유지하는 중요한 물질들이며, 이들 물질들은 모두 긴 사슬의 형태로 연결되어 있는 거대분자들이다. 지금부터 거대분자들인 핵산(DNA, RNA)과 단백질에 대해 자세히 살펴보자.

DNA

DNA는 생명체에 대한 설계도인 유전정보를 지니는 물질로서 인산과 당(디옥시리보오스)이 연결된 뉴클레오티드라는 기본단위가 반복적으로 연결되어 긴 사슬의 형태를 이루고 있다.

DNA의 원래 이름은 디옥시리보핵산(deoxyribonucleic acid) 이며 연결된 각각의 뉴클레오티드들의 당에는 아데닌(A), 구아닌(G), 시토신(C), 티민(T) 중 하나의 염기가 달라붙어 있다. 그리고 이 같은 DNA 나선은 한 가닥이 아니라 두 가닥이 붙어있는 이중나선의 형태를 취한다. 이들 나선은 서로 반대방향으로 평행(anti-parallel)을 이루며 꼬여있다. DNA는 양쪽 나선의 염기들 간의 수소결합으로 연결된 염기쌍에 의해서 안정성 있는 이중나선형 구조를 유지한다. 이 같은 염기쌍은 샤가프가 처음 밝힌 원리대로 'A–T' 그리고 'G–C'의 형태로 각각 2개 그리고 3개의 수소결합을 통해 결합한다. 따라서 한쪽 사슬의 DNA의 염기서열을 알게 되면 다른 한쪽의 DNA 사슬의 염기서열은 자연히 알 수 있다. 이 같은 DNA의 이중나선형 구조

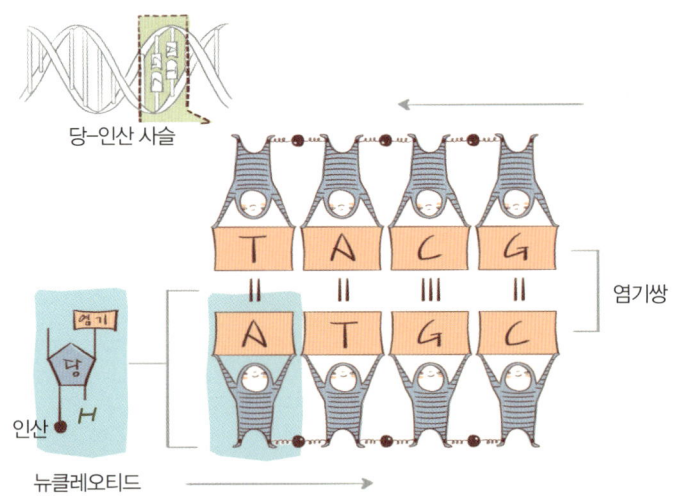

당–인산 사슬

염기

당

인산

뉴클레오티드

염기쌍

DNA는 2개의 리본이 서로 꼬여있는 형태의 선형이 이중나선형 구조를 이룬다. 각각의 리본형태의 DNA 나선은 A(아데닌), T(티민), G(구아닌), C(시토신)의 염기를 가진 화학물질로 연결되어 있는데, 이들은 'A'는 'T'와, 그리고 'G'는 'C'와 결합되는 형태로 각각 2개 그리고 3개의 수소결합으로 연결되어 있다. 뉴클레오티드는 당–인산사슬을 구성하는 개별 단위물질이다.

모델은, 건물 밖에 노출되어 있는 나선형 계단의 모양을 생각하면 쉽게 이해할 수 있다. 바깥쪽의 두 가닥의 나선은 난간부분에 해당되며, 염기쌍을 이루어 결합된 곳은 계단부분으로 생각하면 될 것이다.

RNA

RNA는 DNA로부터 단백질이 만들어지는 과정 중간에 만들어지는 물질이다. mRNA(messenger RNA), tRNA(transfer RNA), rRNA(ribosomal RNA)의 세 종류가 있다. mRNA는 세포 내에서 기능을 수행하는 단백질에 대한 정보를 DNA로부터 전달받아 지니고 있으며, tRNA와 rRNA는 mRNA의 정보를 이용하여 단백질을 만드는 일에 참여한다. RNA의 사슬 부위는 DNA와 유사하나, RNA를 구성하는 당은 아래에 −H 대신 −OH를 가지고 있다. 또한 당에 붙어있는

RNA는 DNA와 유사한 구조를 이루나, DNA와 달리 당에 - OH가 붙어 있으며, 4개의 염기중 T(티민) 대신에 U(우라실)이 염기로 사용된다. DNA와는 달리 단일 사슬로 존재하는 경우가 많다.

염기인 아데닌, 구아닌, 시토신은 DNA와 같으나, 티민 대신에 우라실(U)이 사용되는 점이 다르다. 또한 RNA 특히 mRNA의 경우는 DNA와 달리 하나의 사슬로 존재하는 경우가 많다.

단백질

단백질은 DNA에 들어있는 유전정보가 mRNA라는 중간유전정보 전달물질을 거쳐 그 정보가 해독되었을 때 만들어지는 기능성 물질이다. 이것은 세포 및 생명체를 구성 하거나 각종 기능을 수행하는 역할을 한다. 단백질은 일반적으로 수백 개 정도의 아미노산들로 이루어진 고분자물질인데, 수많은 아미노산들이 연결되어 있는 모양은 마치 긴 염주와 같다. 개개의 염주 알은 20개의 아미노산 중의 하나로 이루어져 있으며 이들 염주 알들은 '펩티드결합' 에 의해 연결되어 있다. 염주와 같은 아미노산이 어떤 조합으로 구성되어 있는지에

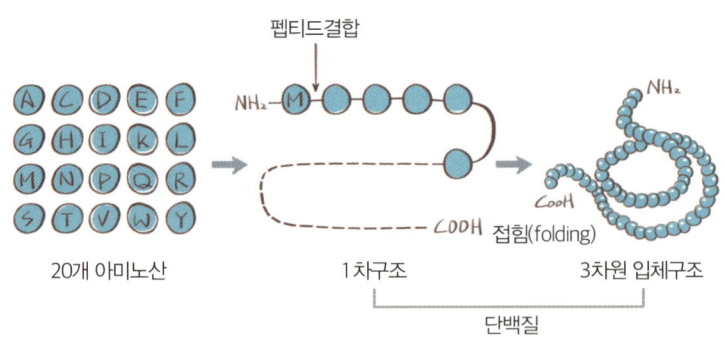

단백질은 20개의 아미노산들이 조화적으로 펩티드결합에 의해 연결된 형태이며(1차 구조), 접힙 과정을 통해 기능을 수행하는 형태인 3차원적 구조를 이룬다.

생명공학 여행을 위한
기초 지식

따라 다른 단백질이 만들어진다. 이 같은 염주형태의 단백질은 일직선상의 구조로 존재하지 않고, 접힘 과정을 통해 기능을 수행하는 삼차원적 구조를 가진 형태로 변화된다. 그리고 만들어진 이후 다시 변형과정을 거쳐 기능을 수행하는 형태로 모양이 바뀐다.

DNA와 세포 그리고 생명체의 관계

세포는 모든 생명체를 구성하는 기본단위로서 박테리아나 효모와 같이 하나의 세포로 구성되어 있는 단세포 생명체와 식물, 곤충, 그리고 동물같이 여러 개의 세포로 구성되어 있는 다세포 생명체로 구분된다. 세균과 같은 원핵세포 생명체와는 달리 이스트 및 동식물과 같은 진핵세포 생명체들의 세포는 그 안에 여러 가지 작은 기관들을 가지고 있다. DNA가 들어있는 핵, 에너지를 생산하는 미토콘드리아, 단백질의 분비 및 가공에 관련하는 골기체 등을 포함하며, 식물세포의 경우 광합성을 수행하는 엽록체 등이 그 예이다.

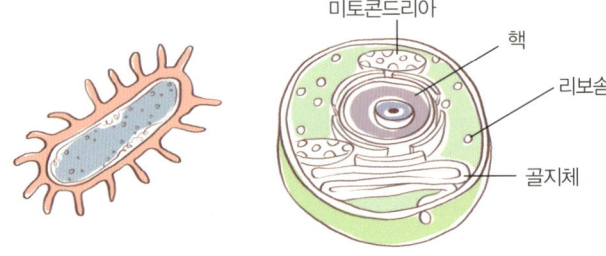

미토콘드리아
핵
리보솜
골지체

원핵세포와 진핵세포

진핵세포의 경우 수많은 다른 기능을 수행하는 세포들이 모여서 개체를 구성하는 경우가 많은데, 동물의 경우 많은 유사한 기능을 가진 세포들이 모여 조직을 형성하고, 조직들이 모여 장기를 구성하며, 장기들이 곧 생명체를 구성하는 것이다. 중요한 점은 위에서 언급한 어떤 종류의 생명체든지 그 생명체에 대한 모든 정보는 세포 속에 들어있는 설계도에 해당하는 DNA라는 유전물질 속에 들어있다는 것이다. 그렇다면 DNA와 생명체 혹은 생명현상과는 어떤 관계가 있는 것일까? 세포 속의 DNA는 대부분의 경우 염색체에 존재하게 된다. 박테리아와 같은 원핵세포 생명체들은 일반적으로 하나의 염색체를 가지는 반면, 동·식물과 같은 진핵세포 생명

생명공학 여행을 위한
기초 지식

체들은 핵 속에 많은 숫자의 염색체를 가지고 있다. 사람의 세포는 23쌍의 염색체를 가지고 있으며, 전체 30억 쌍의 염기서열을 지니는 DNA로 구성되어 있다. 세포는 그들이 분열하여 증식하기 전에 먼저 DNA를 복제하여야 하는데 이는 생명체가 자손을 만들어 종족을 지키기 위한 전략인 것이

모든 생명체에 대한 정보는 DNA가 가지고 있는 유전정보 속에 들어 있다.

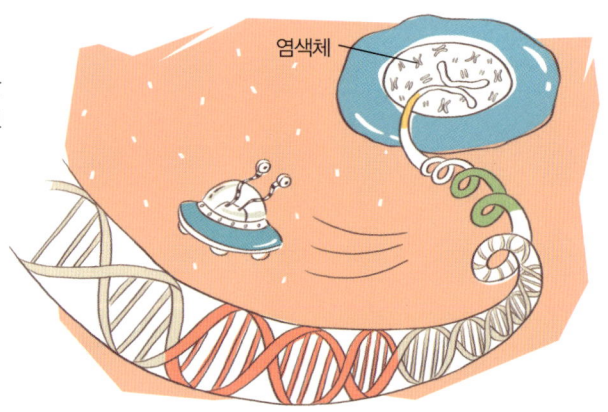

유전자는 중요한 단
백질을 만드는 정보
를 가지고 있다

염색체

동식물과 같은 진핵세포 생명체의 세포와 유전자. 세포 핵 속에는 많은 수의 염색체가 존재한다.
사람의 경우 23쌍인 46개로 이루어져 있다. 염색체는 코일과 같은 형태로 감겨 있다. 이 DNA 중
단백질을 만드는데 필요한 정보를 가지는 부위가 유전자(gene)이고, 사람의 경우 2~3만 정도가
크로모좀의 여러 부위에 흩어진 상태로 존재한다.

다. 따라서 DNA가 복제되지 않고는 생명체는 증식을 할 수 없고, 생
명체는 다음 세대로 이어질 수 없다.

그렇다면 유전자는 무엇일까? 생명현상을 이해하기 위해서는 염색
체를 구성하는 DNA의 여러 부위에 존재하는 유전자에 대해서 알 필
요가 있다. 흔히들 유전자와 DNA를 혼동하여 사용하고 있으나, 유
전자는 원래 '유전형질에 대한 단위(unit of heredity)'로 정의되었으
며, 오늘날에는 종종 '기능성을 나타내는 DNA의 조각'이라고 정의
된다. 이처럼 유전자의 정의는 애매한 점이 있어서 시대에 따라 약간
씩 변화되고 있으며 모든 과학자들이 동의하는 통합된 정의는 마련
되지 않은 상황이다. 2007년 〈게놈리서치〉라는 전문 잡지에서는 '중

생명공학 여행을 위한
기초 지식

복되는 기능성 물질들(단백질들)을 생산하는 데 이용되는 게놈의 염기서열 조합'이라고 좀 복잡하게 정의했는데, 이것이 가장 최근의 정의라 할 수 있다. 이 책에서는 유전자의 정의를 좀더 구체적이고 이해하기 쉽도록 세포에서 각종 기능을 수행하는 '단백질을 만드는 데 필요한 정보를 지니는 염색체 내의 특정 DNA 부위'로 정의하기로 하자.

사람의 경우 2~3만 개 정도의 유전자가 23쌍의 염색체 DNA 곳곳에 산재되어 있다. 이 같은 유전자들은 세포주변의 환경이나 조건이 맞게 되면, 그 정보가 해독되어 단백질들이 만들어진다. 단백질이라고 하면 흔히 달걀, 고기, 콩 등의 식품에 들어있는 영양물질의 하나로 생각하지만 단백질은 생체 내에서 가장 중요하고 복잡한 물질들이다. 세포를 구성하거나 세포의 수많은 역할을 직접 수행하는 것이 바로 단백질인 것이다. 예를 들면 소화효소, 세포성장인자, 신경 및 면역조절물질, 대사조절효소 등은 모두 단백질이다. 실제 사람을 포함하는 모든 생명체 혹은 세포에서 중요한 기능이나 역할을 수행하는 물질들은 단백질로 이루어져 있거나 단백질에 의해 만들어진다.

결국 유전자란 단백질에 대한 유전정보를 지니고 있는 물질이며, DNA가 있다 하더라도 정보가 해독되어 단백질로 만들어지지 않는다면 아무 소용이 없다. 정보가 해독되지 않은 DNA는 생명현상과는 전혀 무관한 화학물질에 불과한 것이다. 따라서 생명현상 이해의 핵심은 '언제, 어떤 환경에서 DNA가 가지고 있는 유전정보들이 해독

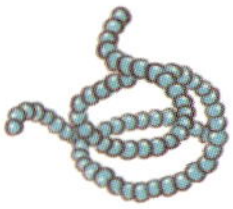

단백질

단백질

신진대사 조절

세포성장 촉진

면역기능 담당

신경계 조절

머리카락, 피부, 근육 등

신체 일부 구성

소화효소로 작용함

세포 신호 전달

일반적으로 단백질은 각종 식품에 들어있는 영양소라고만 생각하기 쉬우나 몸의 구조를 만들거나 생체 내에서 각종 기능을 수행하는 중요한 물질들이 단백질로 되어 있다.

생명공학 여행을 위한
기초 지식

되는가' 하는 문제를 이해하는 것에 달려있다. 유전정보 해독을 통해
만들어진 단백질들이 직접 기능을 수행하기도 하지만 많은 경우 다
시 변형과정 등을 통해 다양한 기능을 수행하는 형태로 바뀐다.

유전정보 해독과 생명체와의 관계

유전자정보 해독과 생명체와의 관계에 대한 이해를 돕기 위해 동물
복제를 예로 들어보자. 앞에서 언급한 대로 생명체를 만드는 모든 정
보는 세포의 핵 속의 염색체를 구성하는 DNA 안에 존재한다. 하지
만 모든 염색체를 포함하는 핵이 있더라도, 그 속의 유전자정보가 세
포를 구성하고 각종 기능을 수행하는 단백질들로 해독되지 못하면

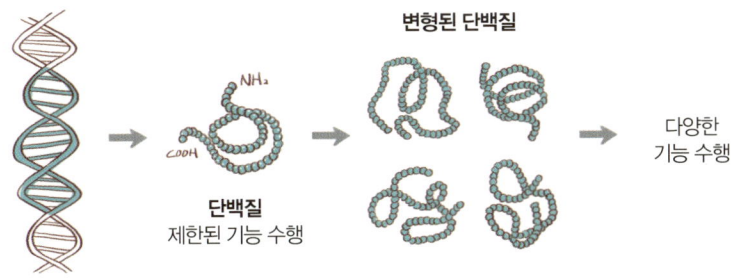

DNA의 유전정보는 해독되어야만 세포 혹은 생명체에서 기능을 수행하는 물질인 단백질이 된다.
DNA내의 푸른부위는 하나의 단백질을 만드는 정보를 가지고 있는 유전자를 표시하는 것으로 이
정보가 해독되어 단백질이 만들어 진 후 다시 변형과정을 거치기 때문에 하나의 단백질이 많은 기
능을 수행할 수 있다.

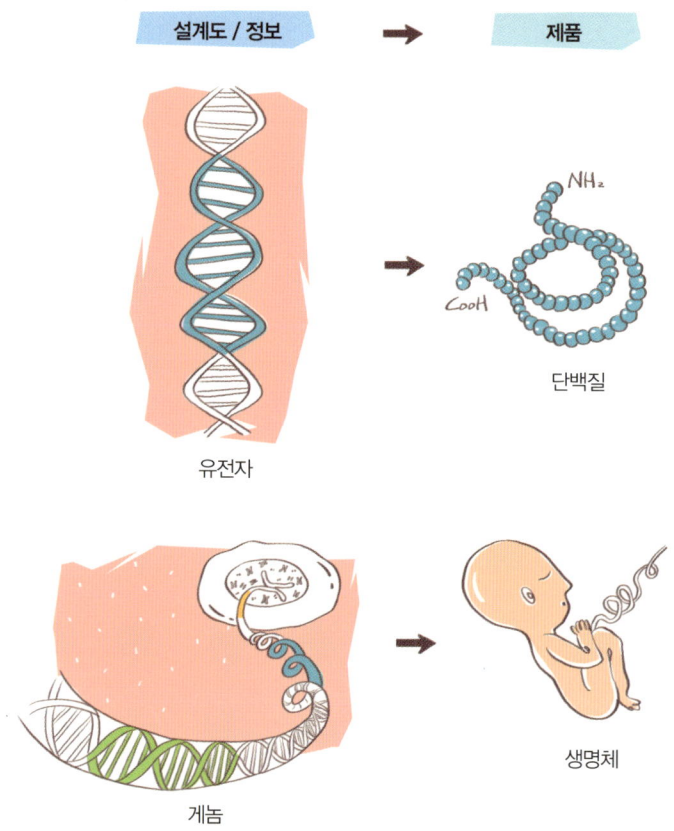

설계도 / 정보 → 제품

유전자

단백질

NH₂

COOH

게놈

생명체

생명현상의 근본은 DNA에 존재하는 유전정보가 '언제 어떤 조건에서 그 정보가 해독되는가?'에 달려 있다.

생명체로 만들어질 수 없다. 물론 동물의 복제도 불가능하다. 유전자 정보의 해독 산물이 단백질이라면, 유전자의 전체 집합체인 게놈의 해독 산물은 바로 생명체인 것이다.

유전자정보의 해독은 DNA가 처해 있는 환경에 의해 결정된다. DNA

생명공학 여행을 위한
기초 지식

를 가지는 세포가 접하고 있는 영양분, 습도, 온도, 물리적 혹은 화학적 자극, 그리고 인접해 있는 다른 세포들에 의한 영향 등 세포가 처해 있는 모든 요인을 환경이라고 할 수 있다. 동물복제의 관점에서 본다면 유전자 정보가 해독되어 동물이 만들어지기 위

용어 팁

배아줄기세포
(embryonic stem cell)
배아의 초기 발생과정에서 추출한 세포. 생명의 시초가 되는 수정란에서 유래하는 세포로 모든 조직의 세포로 분화할 수 있는 능력을 지녔으나 아직 분화되지 않은 세포를 말한다.

tip

해서는 난자라는 환경이 필요하다. 난자는 복제하고자 하는 동물의 DNA에 들어있는 유전자정보가 해독되는 데 필요한 수많은 인자들을 가지고 있다. 현재의 기술로는 복제하고자 하는 동물의 DNA에 난자와 같은 조건을 인위적으로 만들기는 어렵다. 체세포복제를 통해서 동물을 복제하기 위해서는 그 동물 전체에 대한 DNA를 가지고 있는 핵은 물론 난자가 준비되어야 하는 이유가 여기에 있다. 황우석 박사의 경우에서도, 사람의 줄기세포 복제를 위해 수많은 사람의 난자를 사용하였으며, 그로 인해 커다란 윤리문제가 야기된 바 있다. 이 역시 사람 배아줄기세포 복제를 위해 사람의 난자가 반드시 필요하기 때문이다. 복제를 위해 준비한 난자에서 원래 가지고 있던 핵을 제거한 후, 복제하고자 하는 동물의 핵을 그 자리에 바꾸어 넣으면, 원래 난자에 들어있던 핵의 유전자정보 대신, 새로 넣어준 복제대상 동물의 핵의 유전자정보가 해독되는 결과를 낳게 된다. 치환된 복제대상 동물의 핵 속의 유전자들은 자신의 정보가 해독되기 위해 필요

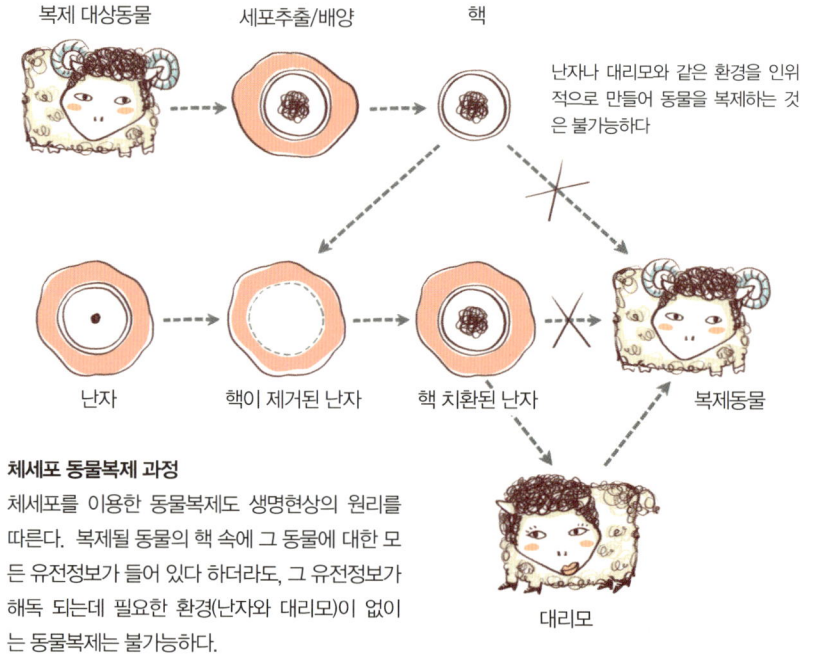

복제 대상동물 　　세포추출/배양 　　　　핵

난자나 대리모와 같은 환경을 인위적으로 만들어 동물을 복제하는 것은 불가능하다

난자　　핵이 제거된 난자　　핵 치환된 난자　　복제동물

대리모

체세포 동물복제 과정
체세포를 이용한 동물복제도 생명현상의 원리를 따른다. 복제될 동물의 핵 속에 그 동물에 대한 모든 유전정보가 들어 있다 하더라도, 그 유전정보가 해독 되는데 필요한 환경(난자와 대리모)이 없이는 동물복제는 불가능하다.

한 인자들을 난자 속에서 확보하여, 유전자정보 해독과정을 거치며 생명체로 만들어지는 발생과정이 시작된다. 하지만 난자만으로는 DNA의 유전정보가 동물로 만들어지는 데 충분한 조건이라 할 수 없다. 그 이유는 난자 속의 유전정보가 충분히 해독되기 위해서는 추가적인 환경이 필요하기 때문이다. 추가적인 환경이란 난자에게 적합한 환경을 제공해 주는 대리모의 존재다. 동물을 복제할 때 핵 치환된 난자를 대리모의 자궁에 착상하여 동물을 만드는 것도 이 같은 이유 때문이다. 살아있는 대리모의 자궁은 동물이 만들어질 때까지 유

전자 환경을 발생 단계별로 지속적으로 적합하게 해준다. 생명체가 만들어지는 데 필요한 각종 영양물질, 산소 등 수많은 물질을 공급하는 것은 물론 적합한 온도 등 유전자 발현에 필요한 모든 환경을 제공해 준다. 흔히 여성이 아기를 가졌을 경우 초기에 어떤 특정한 음식을 먹고 싶다든지 혹은 식성이 바뀌는 경우를 종종 목격하게 된다. 또한 그 같은 임산부의 식성도 지속적인 것이 아니라 임신기간을 통하여 변화하며, 아기가 크게 성장할 무렵에는 산모가 많은 음식을 먹게 되는 것을 본다. 이러한 현상 역시 모체에서 태아가 만들어지는데 적합한 환경을 만들어 주기 위해 일어나는 자연적인 섭리라 볼 수있다. 따라서 대리모가 없다면 생명체가 태어나기까지 소요되는 오랜 기간 동안 단계별로 필요한 유전자 해독이 이루어질 수 없기 때문에 생명체가 만들어지는 것은 상상할 수도 없다.

인위적인 동물복제뿐만 아니라, 정상적인 암수의 사랑 행위로 인해 난자와 정자가 수정된 후 자궁 내에서 일어나는 생명체 탄생의 원리도 복제를 위해 핵을 치환시킨 난자를 자궁에 착상시킨 후 일어나는 과정과 동일하다. 뿐만 아니라 불임 부부가 인공수정을 통해 아기를 갖고자 하는 경우에도, 정자와 난자를 시험관 속에서 인위적으로 수정시킨다는 점을 제외하고는, 대리모의 자궁에 수정된 난자를 착상시킨 후 아기가 만들어지는 과정은 원리 면에서 모두 같은 것이다. 수정된 난자는 자궁 속에서 하나의 세포로부터 시작해, 적합한 환경이 지속되면 세포 핵 속의 유전자들이 해독되어 DNA복제 등 세포의 성장과 관련된 일들이 일어난다. 특히 초기 발생단계의 유전정보 해독은 특정유전자들의 순차적인 해독이 중요하다. 이것을 통해 2, 4, 8, 16 등의 형태로 세포가 분열하고 증식하는 과정을 거쳐서 작은 구슬과 같은 형태의 수많은 세포(각각을 분할소구라고 부름)가 만들어진다. 이같이 발생 초기에 만들어진 세포들은 생명체를 구성하는 다양한 모양과 기능을 수행하는 수많은 다른 종류의 세포로 만들어질 수 있다. 이러한 만능성을 가지고 있는 세포가 바로 배아줄기세포다.

이들 배아줄기세포들은 다시 적합한 시기와 환경이 되면 다양한 형태의 구조나 기능을 하는 세포들로 변화하기 시작한다. 이 과정을 분화(differentiation)라고 하며 이를 위해서는 또 다른 형태의 유전정보들의 해독이 필요하다. 물론 유전정보 해독 외에도 대리모의 도움으로 일어나는 생명현상과 관련된 각종 대사나 부수적인 환경요인들이 생명체 탄생에 추가적으로 필요하지만 우선 여기서는 유전자 해독에 초점을 맞추어 발생을 설명하고자 한다.

서로 다른 형태로 분화된 세포들은 분열과정을 거쳐 많은 숫자의 세포들로 만들어지고 이들이 모여 조직이나 장기들이 생성된다. 그리고 궁극적으로는 동물이 탄생하게 된다. 동물은 태어난 후에도 지속적으로 성장하지만 청소년기를 지나면서 성장을 멈추게 된다. 이 역시 성장에 관련하는 DNA 속의 유전자들이 변화된 환경을 감지하여 정보해독을 멈추거나 억제하기 때문이다.

여기서 우리는 유전정보의 해독이 생명체 탄생과 같은 특정 경우에

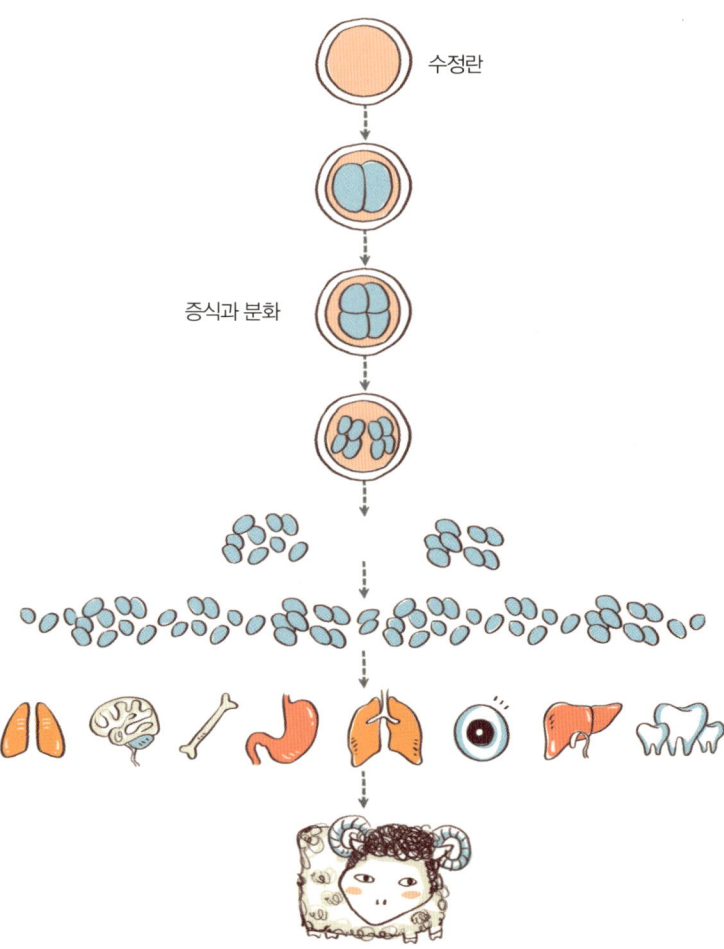

수정란

증식과 분화

세포 증식, 분화와 동물 발생

만 적용되는 것이 아니라 살아있는 생명체에서 항상 일어나는 일상적인 생명현상이라는 것을 인식할 필요가 있다. 우리가 음식을 먹어 영양소가 흡수되면, 이들 영양소를 소화하고 대사하기 위한 물질들 즉 단백질이 필요하다. 이들 단백질은 바로 유전정보가 해독되어 만들어지는 것이다. 또한 이 같은 단백질을 만드는 일인 유전정보 해독은 항상 일어나는 것이 아니라, 필요할 때만 일어나는 생명현상으로 모든 생명체가 외부환경에 적응하여 잘 살아갈 수 있도록 해준다.

여성이 아기를 가졌을 때만 모유를 만드는 것도 생명체에서 출산이라는 환경을 인지하여, 특정 부위의 세포에서 모유를 구성하는 단백질들에 대한 유전정보가 일시적으로 해독되도록 하기 때문이다. 결론적으로 생명체의 생명현상은 환경에 따른 선택적인 유전정보의 해독에 달려있다고 해도 과언은 아닐 것이다.

생명공학 여행을 위한
기초 지식

공룡을 복제하는 것은 가능할까?

이미 멸종된 동물이나 백두산 호랑이처럼 멸종 위기에 빠진 생명체에 대한 복제 이야기가 종종 언론에 등장해 일반인들에게도 많은 관심사가 되고 있다. 몇 해 전 개봉한 『쥬라기 공원』이라는 영화는 우리에게 멸종된 동물이나 공룡복제에 대한 상상을 하게 만들었다. 과연 영화 속에서나 볼 수 있는 공룡을 다시 만들 수 있을까? 이 문제는 '생명체에 대한 유전자정보만으로 그 생명체를 만들 수 있는 가'라는 문제와 맞물려 있다. 그리고 이 의문점은 앞에서 설명한 동물복제나 생명체 탄생의 원리를 생각해 보면 쉽게 해답을 얻을 수 있다.

공룡복제는 일단 공룡 전체의 DNA를 확보하고 있다고 가정할 때 성립할 수 있을 것이다. 실제로 영화에서처럼 오래전 공룡의 체액을 흡입한 후 호박 속에 갇힌 모기로부터 추출하거나 빙하 속에 꽁꽁 얼은 상태로 발견된 매머드의 세포로부터 공룡의 전체 핵 DNA를 확보할 수 있을지도 모른다. 그렇다 하더라도 문제는 환경이다. 다른 동물의 체세포복제의 경우와 마찬가지로, 핵 속의 유전자의 정보가 해독될 수 있는 환경이나 조건에서 그 유전정보가 풀리지 않으면 핵 속의 유전정보는 DNA라는 핵산 물질의 집합체에 불과한 것이 된다.

즉 공룡이 복제되기 위해서는 공룡의 DNA 속에 존재하는 유전자정보가 해독될 수 있는 환경, 다시 말해 공룡의 난자가 있어야 한다. 뿐만 아니라, 앞서 동물복제에서 언급한 것처럼 대리모인 공룡이 있어야만 완전한 공룡이 만들어질 수 있을 것이다. 공룡 난자 및 대리모의 조건을 모두 맞춰줄 수 있는 인공시스템이 존재하지 않는 한 이미 멸종된 공룡을 복제하는 것은 현실적으로 불가능하다고 하겠다.

아프리카나 호주 같은 오세아니아에는 종종 멸종된 동물과 유사한 동물들이 존재한다고 한다. 그렇다면 그들로부터 난자를 얻고 그들을 대리모로 사용하는 것은 어떨까? 멸종된 동물과 유사한 동물복제가 가능하지 않을까?

2003년 일본에서 매머드를 복제하겠다는 야심찬 프로젝트를 발표한 바 있다. 성공 가능성은 매우 희박했지만 그래도 어느 정도의 복제 가능성을 두고 프로젝트를 진행한 것으로 생각하면 된다. 매머드의 복제 시도가 가능한 이유는 매머드와 유사한 생명체인 코끼리가 있기 때문이다. 먼저 핵을 제거한 코끼리 난자에 매머드의 핵 DNA를 치환하여 넣고, 매머드 대신 암 코끼리를 대리모로 활용하여 그 자궁에 착상시키는 것이다. 이 경우 코끼리 난자 속에 들어있는 매머드 유전자들의 정보가 해독될 가능성이 존재한다.

하지만 현실적으로 코끼리와 매머드는 오랜 기간 독립적으로 진화되어 왔기 때문에 코끼리의 난자나 자궁의 환경이 매머드와 같을 확률은 아주 낮다. 설사 코끼리의 난자나 자궁환경이 매머드 유전자의 발현을 유도하여 발생이 일부 진행된다 하더라도, 기형의 생물체가 발생하는 과정을 거쳐 결국 복제는 실패로 돌아갈 확률이 높다 하겠다.

2005년 국내연구진에 의해 개복제가 성공하였다. 또한 실험결과의 오류가 문제점으로 제시되었지만, 늑대복제도 성공하였다. 특히 늑대복제의 경우, 개의 난자와 대리모를 이용하여 이루어진 것이라 더욱 주목된다. 늑대와 개의 경우 유전정보가 풀릴 수 있는 환경이 거의 같았기 때문에 복제가 성공한 것으로 추정된다. 다시 말해서 개의 난자의 환경이 늑대의 DNA의 정보가 해독되기 위해 필요한 모든 인자들을 다 가지고 있음을 실험적으로 입증한 것이나 마찬가지라 하겠다.

왜 정확한 유전자 수를 알 수 없는 걸까?

과거에는 인간의 유전자 숫자를 약 10만 개 정도라 생각했다. 인간게놈프로젝트가 완료된 오늘날에는 대략 2~3만 개 정도로 추정한다. 물론 이 숫자는 미래의 연구결과에 따라 어느 정도 달라질 수도 있을 것이다. 사람에 대한 모든 유전자의 염기서열이 밝혀진 오늘날에도 유전자의 수를 정확히 알지 못하는 이유는 무엇일까? 이 문제 역시 앞에서 언급한 유전자에 대한 명확한 정의가 마련되지 않은 것과 관계가 있다(58쪽 참조).

1940년대 초반에 조지 비들과 에드워드 타툼 박사는 대사 조절에 관여하는 효소에 대한 연구를 수행하면서 중요한 가설을 발표했다. 그것은 바로 '하나의 유전자에서 하나의 효소(단백질)가 만들어 진다' 는 것이다. 유전자와 단백질의 관계를 보여준 연구의 중요성을 인정받아 그들은 1958년도 의학 분야의 노벨상 수상자로 선정되었다.

이들의 가설은 오랜 기간 동안 하나의 진리로 받아들여졌다. 하지만 오늘날 우리는 유전자와 단백질을 1대1 관계로 생각하는 그들의 가설이 더 이상 진리가 아님을 잘 알고 있다. 우리가 사람의 유전자 숫자를 정확히 알 수 없는 중요한 이유 중의 하나도 여기에 있다. 하나의 유전자로부터 하나의 단백질이 만들어지는 경우도 있지만, 여러 개의 단백질이 만들어질 수도 있고, 유전자로 추정되는 DNA로부터 단백질이 생성되지 않는 경우도 있다.

그런데 단백질이 생성되지 않는 경우 유전자가 퇴화되거나 혹은 손상되어 그 DNA의 정보로부터 단백질이 만들어지지 않는 것인지 아니면 환경이 맞지 않아 정보가 해독될 수 없기 때문에 단백질이 만들어지지 않는 것인지 알 수 없는 경

우가 많다. 따라서 단백질을 생산과 관련된 DNA부위라는 유전자의 개념에서는 이 역시 유전자 숫자를 정확하게 말할 수 없는 이유가 된다.

또한 하나의 유전자로 추정되는 DNA로부터 만들어진 mRNA가 다른 가공과 변형과정 등을 통해 변화된 후 정보가 해독되어 다른 단백질들이 만들어질 수 있다. 결국 같은 DNA로부터 mRNA가 어떤 형태로 생성되고 만들어진 mRNA가 어떻게 가공 혹은 변화되는가에 따라 다양한 단백질이 만들어질 수 있기 때문에 포스트게놈시대인 오늘날에도 정확한 유전자 숫자를 제시할 수 없는 것이다.

생명공학 여행을 위한
기초 지식

유전자정보 해독의 열쇠

하나의 생명체를 구성하는 세포에 들어있는 DNA들은 그 세포가 속해 있는 장기의 종류에 관계없이 근본적으로는 같다고 할 수 있다. 그렇다면 같은 유전정보를 가지는 세포들이 어떻게 다른 형태로 만들어져 여러 조직에서 서로 다른 기능을 하는 것일까? 개개의 세포에는 동일한 DNA가 있지만, 자신들이 처한 다양한 환경에 따라 특정 유전자들의 해독여부나 해독되는 양을 조절하기 때문이다. 세포가 처한 환경은 그 세포가 위치해 있는 주변의 세포들, 그들이 분비하는 호르몬 성장인자, 그리고 세포가 접하는 영양소, 빛, 온도와 물리적 자극 등 거의 모든 세포가 접하고 있는 주변여건들이 될 수 있다.

특정유전자들의 선택적인 해독을 통해 위에서는 소화를 돕는 단백질이 만들어지고, 뇌에서는 신경조절 단백질이 생성된다. 피부에서는 피부를 형성하는 단백질이 만들어져 자신들의 고유한 기능을 수행한다. 세포는 어떻게 서로 다른 외부환경의 자극을 인식하고 전달하여 유전정보의 선택적인 해독을 가능하게 하는 것일까? 세포에는 환경 변화를 인식하고 전달하여 유전정보 해독을 조절하는 시스템이 존재한다. 이것이 '세포신호전달(cellular signal transduction)'이다. 예를 들면 주변세포에 의해 성장인자가 많이 만들어져 세포 외부에 성장인자가 많이 축적될 경우, 이 성장인자는 일반적으로 세포표면에 존재하는 수용체에 달라붙어서 신호전달을 시작하게 된다.

자극은 다양한 종류의 중간 신호전달물질(대부분이 단백질들이며 작은 물질들이 관여하기도 함)을 통해 그 신호를 세포 내에서 연속적으로 전

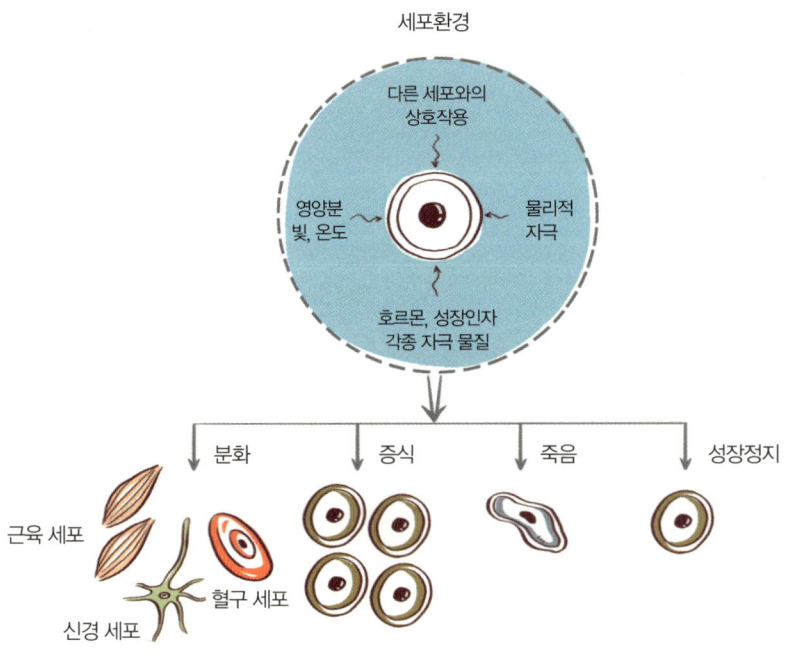

모든 세포의 운명은 세포가 처해있는 환경에 따라 결정된다.

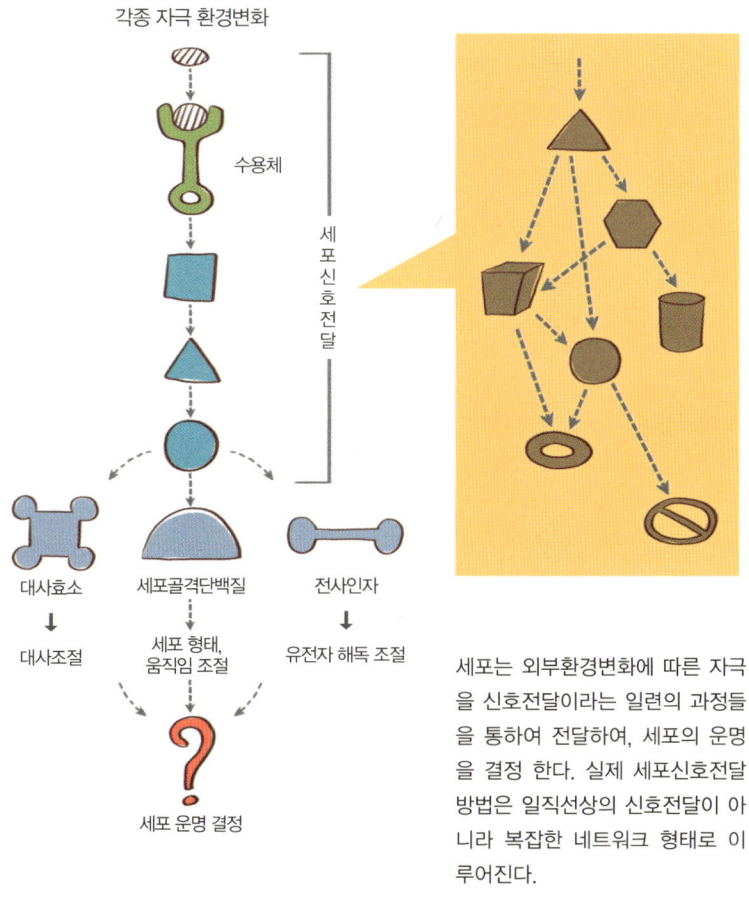

각종 자극 환경변화

수용체

세
포
신
호
전
달

대사효소

대사조절

세포골격단백질

세포 형태,
움직임 조절

전사인자

유전자 해독 조절

?

세포 운명 결정

세포는 외부환경변화에 따른 자극을 신호전달이라는 일련의 과정들을 통하여 전달하여, 세포의 운명을 결정 한다. 실제 세포신호전달 방법은 일직선상의 신호전달이 아니라 복잡한 네트워크 형태로 이루어진다.

달하여 다양한 효과를 가져온다. 또한 나중에 신호를 전달 받은 물질들이 세포의 대사작용, 혹은 세포형태의 변형과 움직임 등 다양한 생리 현상에 관여할 수 있다. 하지만 많은 경우 이 신호가 도달되는 최종 종착역은 DNA가 존재하는 핵 속이며, 이 신호에 따라 특정 유전정보의 해독여부가 결정되는 것이다. 최종적으로 핵 속에 전달된 신호는 핵 속에 있는 전사인자라는 또 다른 형태의 단백질들에게 그 신호를 전달하고, 이들이 특정유전자들의 해독여부를 결정한다. 이같이 환경에 따라 신호전달이 이루어져 해독된 유전자들의 산물인 단백질들이 바로 세포의 운명을 결정하는 데 기여하게 된다. 신호전달은 다양한 물질 간에 항상 이루어지는 것이 아니라, 위에서 언급했듯이 성장인자가 수용체에 달라붙는 신호가 감지되었을 때만 신호전달이 이루어진다. 신호전달을 주고 받는 신호전달 매개에 관련되는 물질은 많은 경우 단백질들이며, 이들 신호전달물질들의 상호 간 결합은 신호가 도달했을 때에 일시적으로 일어나는데, 신호에 따른 특이적인 구조변화에 따라 결합할 수 있게 된다.

세포신호전달 과정을 초등학교 때 한 번쯤은 경험해 보았을 릴레이

> 세포신호전달 과정을 초등학교 때 한 번쯤은 경험해 보았을 릴레이 경주에 비유해 보자.

경주에 비유해 보자. 릴레이 경주는 뒷사람으로부터 바통이라는 매개체를 받아 다시 앞사람에게 전달하는 과정을 반복하며 최종 목적지까지 도달하는 달리기 종목이다. 바통이라는 매개체를 전달받지 못하면 선수는 달릴 수 없기 때문에 바통은 앞사람에게 달릴 수 있도록 해주는 신호인 셈이다. 세포신호전달 과정도 이와 마찬가지이다. 달리기에 참여하는 주자들을 단백질이라고 할 때 바통은 신호라고 생각하면 될 것이다. 바통을 받지 못한 주자는 다음 주자에게 바통을 넘겨줄 수

생명공학 여행을 위한
기초 지식

없다. 바통을 넘겨받았을 때 다시 말해 신호가 전달된 경우에만 다음 주자에게 신호를 보낼 수 있다.

하지만 한가지 특이한 점은 단백질들은 릴레이 경주에서처럼 순서에 따라 일직선상으로 일어나는 것이 아니라 여러 가지 경로를 통해서 다양한 방법으로 신호를 전달한다는 것이다. 다시 말해 앞에서 이야기한 대로 신호를 전달하고 받는 단백질 간에는 높은 특이적인 결합이 일어나지만, 한 단백질이 반드시 한 단백질에게 신호를 전달하는 것이 아니라 필요에 따라 몇몇 단백질들에게 동시에 신호를 전달할 수 있다는 것이다. 특정 신호를 전달하는 경로가 하나만 존재한다면 세포나 생명체에 많은 문제점들이 야기될 수 있다. 만약 세포의 성장을 유도하는 신호전달 경로가 하나뿐이라면, 그 신호전달과정에 참여하는 물질 하나에만 이상이 생겨도 세포는 더 이상 성장하지 못하고 죽게 될 것이다. 하지만 다행히도 실제 세포는 다양한 외부환경에 처했을 때 여러 경로를 통해 그 신호를 자신에게 가장 유리한 형태로 전달한다. 이는 복잡한 환경변화 속에서 생명체가 자신의 종을 잘 적응하며 살아갈 수 있도록 만들어 놓은 조물주의 지혜라고 생각하면 될 것이다.

단백질 합성
과정 속에 담긴 비밀

유전정보의 해독은 과학적으로 유전자발현(gene expression)이라고
도 부르는데, DNA의 유전정보가 해독되어 기능을 수행하는 단백질로
만들어지는 과정을 의미한다. 외부의 신호가 핵으로 전달되면 RNA의
합성을 조절하는 전사인자가 변화되고 이에 따라 유전자정보의 해독
여부가 결정된다. 지금부터 유전정보가 어떻게 해독되는지 알아보기

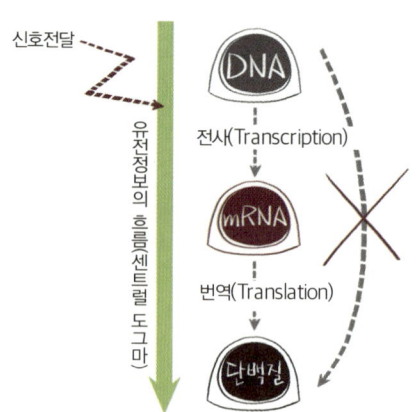

DNA속에 있는 유전자 정보가 환
경이 맞을 때 전사라는 과정을 거
처 mRNA라는 중간 유전정보물질
로 전환되고, mRNA의 정보는 번
역과정을 거쳐 생체에서 기능을
수행하는 단백질로 만들어 진다.
이 과정이 유전정보 해독과정이며
신호전달에 의해 조절된다.

생명공학 여행을 위한
기초 지식

로 하자. 이 문제는 생명현상의 기본
메커니즘에 대한 이야기로 생명공학
뿐만 아니라, 생명과학, 의학 등 모든
관련 학문의 기본이 되므로 잘 이해한
다면, 미래의 생명공학과 관련된 전공
분야 공부에 많은 도움이 될 것이다. 유

전정보 해독은 전사(transcription)와 번역(translation)이라는 과정을 거쳐 이루어진다. 즉 전사라는 과정을 통해 중간유전물질인 mRNA가 만들어지고, 이후 번역이라는 과정을 통해 단백질이 생성되는 것이다.

전사 : DNA가 복사되어 RNA가 만들어지는 과정

외부환경 혹은 상황변화에 따른 신호가 핵 속으로 들어와 전사인자가 활성화되면 이중나선형 DNA는 두 가닥으로 갈라진다. 그중 한 가닥이 주형으로 이용되어 상보적인 형태로 mRNA가 합성되는데, 이때 RNA 중합효소가 RNA를 합성하는 일을 수행한다. 외부의 신호를 받은 전사인자와 RNA 중합효소가 작용하여 mRNA 생성여부를 조절하는 DNA 부위를 '프로모터' 라고 부른다. 프로모터는 단백질의 아미노산들에 대한 정보를 지니는 DNA 조각의 앞 부위에 위치한다. 따라서 프로모터가 없으면, 전사과정에 의한 mRNA생산이 일어날 수 없으며, mRNA 정보에 따라 만들어지는 단백질도 생성되지 않는다.

mRNA는 DNA의 정보를 옮겨 받은 복사본으로, 만들어질 단백질에

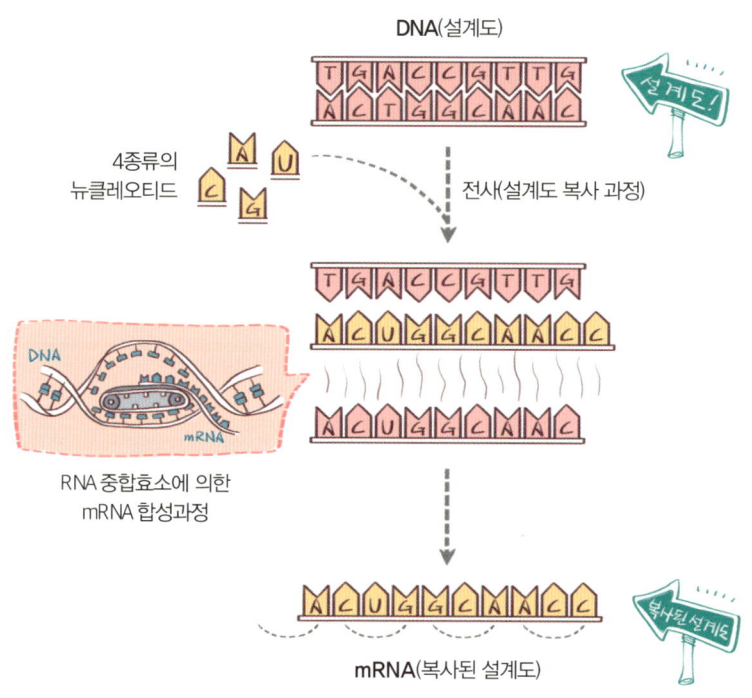

DNA(설계도)

4종류의
뉴클레오티드

전사(설계도 복사 과정)

RNA 중합효소에 의한
mRNA 합성과정

mRNA(복사된 설계도)

전사는 DNA의 유전정보가 mRNA로 전달되는 과정이다. 세포 밖의 환경변화에 의한 조건이 맞게 되면, 전사인자가 활성화되고 RNA 중합효소가 작용하여 mRNA를 생산한다.

대한 정보를 물려받은 물질이다. 단백질에 대한 정보를 포함하고 있는 mRNA와는 별도로 크로모좀의 DNA에는 tRNA와 tRNA 등의 또 다른 RNA들을 만드는 정보가 들어있다. 이들 역시 전사과정을 통해 만들어지며 단백질합성에 참여한다. DNA로 구성된 유전자에는 단백질에 대한 유전정보가 들어있지만, 이 정보는 직접 단백질로 번역될 수 없고, 반드시 전사 과정을 통해서만 단백질이라는 제품을 만들 수 있다.

번역 : 단백질이 합성되는 과정

합성된 중간유전물질인 mRNA는 핵에서 빠져나와 단백질합성에 이용된다. 즉 필요한 공장이 위치해 있는 세포질로 옮겨와서 특정 단백질을 합성하는 정보로 사용되는 것이다. 따라서 핵과 작은 기관들이 따로 분리되어 있지 않은 박테리아의 경우에는 mRNA가 만들어진 장소에서 단백질이 합성된다. mRNA는 DNA로부터 정보를 유입받은 중간유전물질로서, 단백질을 만드는 정보를 가지는 부위는 AUC

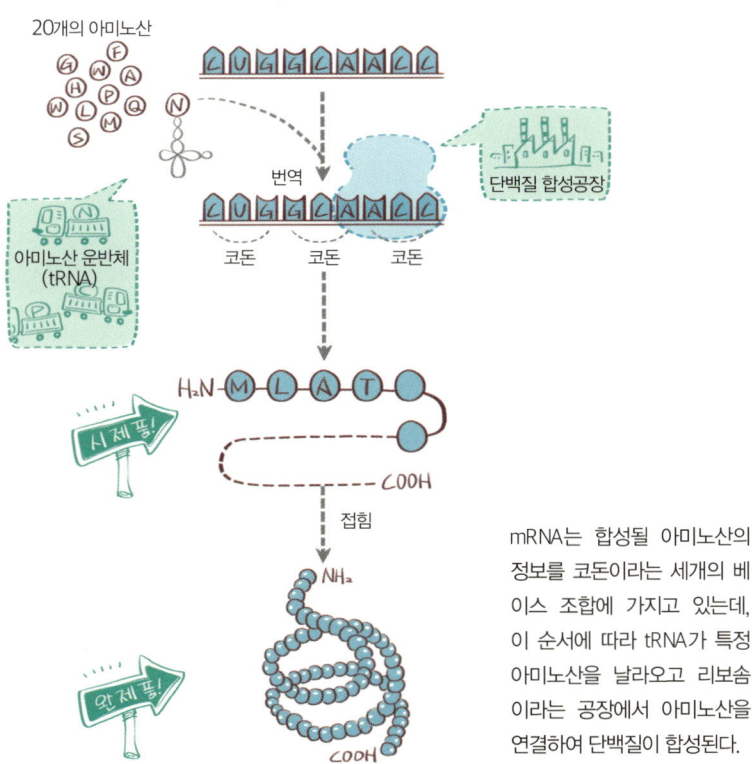

mRNA는 합성될 아미노산의 정보를 코돈이라는 세개의 베이스 조합에 가지고 있는데, 이 순서에 따라 tRNA가 특정 아미노산을 날라오고 리보솜이라는 공장에서 아미노산을 연결하여 단백질이 합성된다.

를 시작으로 GUU, GGC, UUC 등과 같은 합성될 단백질의 아미노산 서열을 결정하는 3개의 뉴클레오티드들의 조합인 코돈의 형태로 나열된다. 이 코돈 정보가 바로 합성될 단백질의 아미노산 서열정보를 결정하는 것이다. mRNA와 마찬가지로 핵에서 만들어진 후 세포질로 나온 tRNA와 rRNA는 mRNA의 정보가 이용되어 단백질이 합성되는 데 있어서 각각 트럭과 공장 같은 역할을 한다. 즉, tRNA는 재료인 아미노산을 나르는 트럭, rRNA는 합성이 일어나는 공장의 역할을 수행하는 것이다. 아미노산을 나르는 트럭인 tRNA는 모든 아미노산을 나를 수 있는 것이 아니라 나를 수 있는 아미노산들의 종류가 정해져 있다. 이 트럭들이 mRNA의 코돈 정보를 인식하여 그에 맞는 아미노산들을 mRNA에 들어있는 정보의 순서대로 날라와 단백질합성에 이용되게 한다. 실제 단백질 제조는 '리보솜'이라는 공장에서 일어나는데 이 리보솜은 rRNA뿐만 아니라 여러 종류의 단백질들로 구성되어 있다.

단백질생산공장에서는 코돈의 정보에 따라 tRNA들이 날라다 준 아미노산을 이용하여 단백질합성이 시작된다. 아미노산들이 연속적인 펩티드결합으로 연결되어 체인 형태로 만들어지는데 이것은 아직 시제

품에 불과하다. 아미노산이 연결된 체인 형태의 단백질들은 세포 내에 존재하는 또 다른 장치에 의해 접힘(folding) 과정을 거쳐야만이 기능을 수행하는 3차원적인 구조를 지닌 단백질의 형태로 거듭나게 된다. 독특한 아미노산 서열은 특정 단백질의 구조와 기능을 결정하는데, 단백질로 만들어진 후 추가적인 변형을 통해 다양한 구조를 가진 형태로 변화되어 수많은 기능들을 수행할 수 있게 된다(61쪽 그림 참조).

단백질의 양을 조절하는 것들

세포 내에 존재하여 기능을 수행하는 특정 단백질의 양은 어떻게 결정될까? 그것은 위에서 언급한 유전정보 해독과정 이외에도 만들어진 mRNA 혹은 단백질이 얼마나 오랫동안 세포 내에서 안정하게 존재하는지에 따라 좌우된다 하겠다. 다시 말해 DNA의 정보가 단백질로 해독될 때 mRNA라는 중간단계의 물질을 거치게 되지만, 분해속도가 달라질 수가 있기 때문에 세포 속에 존재하는 mRNA와 단백질의 양은 비례하지 않을 수 있다는 것이다. 일반적으로는 mRNA는 DNA와 달리 불안정하기 때문에 쉽게 분해된다. 또한 어떤 단백질과 mRNA는 만들어짐과 동시에 분해되기도 한다. 물론 호흡을 하거나 조직을 구성하는 등 세포에서 항상 필수적으로 이용되는 단백질들은 만들어진 이후 오랫동안 세포 내에 존재하기도 한다. 이러한 mRNA나 단백질의 안정성 역시 유전정보 해독에 의한 단백질합성과 마찬가지로 세포가 처한 환경에 따라 조절될 수 있다.

교수님이 추천하는 생명공학 관련 책들

〈마법의 탄환〉 다니엘 바젤라, 로버트 슬레이터 | 해나무출판

글리벡의 개발과정을 그린 책으로 신약개발의 어려움과 성공을 다뤘다. 글리벡 개발회사인 노바티스사의 CEO이자 의학박사인 다니엘 바젤라 회장은 이 책에서 글리벡 개발과정에 얽힌 에피소드와 출시까지의 긴박한 이야기 등을 생생하게 들려준다.

〈유전자와 생명복제에 관한 100문 100답〉 아마가사 게이스케 | 고려문화사

게놈과 유전자 단백질에 대한 기본적인 소개와 게놈프로젝트 이후 유전자조작식품, 복제동물, 유전자진단 및 치료 등을 포함한 생명공학의 관심 분야를 간결하게 설명하고 있다.

〈생명코드 AGCT〉 과학동아 편집부 | 아카데미서적

과학동아에 게재되었던 생명과학과 관련된 토픽형식의 글들을 모은 책으로 비교적 이해하기 쉽게 각 주제별로 설명하고 있다. 출판된 지 10년이 지났지만 기초지식 함양에 많은 도움이 된다.

〈생명공학으로의 초대−삶의혁명〉 레이 헤렌 | 라이프 사이언스

생명공학의 이해에 필요한 기초학문분야의 설명과 함께 응용분야에 대해 다양하게 소개하고 있다. 생명공학도를 위한 기초 입문서이다.

〈약으로 이해하는 바이오 시대〉 김성훈 | 프로네시스

생명현상을 사람의 생로병사와 직결되어 있는 신약개발의 관점에서 설명하고 있다. 특히 약이 우리 몸 속에서 일으키는 각종 반응들을 예로 들어 생명현상에 대한 이해가 더욱 쉽다.

생명공학 여행을 위한
기초 지식

생명공학은
어떻게 발전하였나?

study #05

DNA의 비밀을 벗기다

생명공학은 최근에 발전한 학문처럼 여겨질지도 모르겠지만 오랜 세월을 통해 발전해 온 학문이다. 다음해 경작을 위해 씨앗을 저장하고, 야생동물을 가축으로 개량하는 것 모두 생명공학의 일환이다. 즉 생명공학의 역사는 가히 선사시대까지 올라간다 하겠다. 그 이후 생명공학의 발전은 동식물의 품종개량으로 이어졌고, 효모나 박테리아 등을 이용한 와인이나 맥주의 제조, 치즈, 빵, 젓갈, 김치 등의 식품 제조 등 오늘날까지 지속되고 있는 형태의 전통적인 생명공학산업으로 발전되었다.

그리고 1885년 루이 파스퇴르에 의해 광견병 백신이 개발되고, 1928년 영국의 알렉산더 플레밍이 푸른곰팡이로부터 인류 최초의 항생제인 페니실린을 발굴함으로써, 20세기 생명공학의 발전 가능성이 제시되었다.

유전자조작과 생명공학의 발전에 중요한 변천사

1940년대	1950년대	1960년대	1970년대

1952
DNA가 유전 물질
확인

1961
mRNA 발견

1970
유전자재조합기술

1952
DNA 이중나선형
구조

1975
단클론항체

UCG

UGU

1966
유전보호규명

1940
DNA가 유전 물질

GATC
GTACGAT

1977
DNA 염기서열
결정법

1957
DNA 반보존
복제가설

생명공학 여행을 위한
기초 지식

1980년대	1990년대	2000년대	2013년~

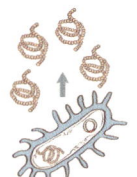

1982
Humulin
(유전공학방법을
이용한
최초의
재조합단백질신약)

1996
체세포 동물복제법

2003
인간게놈프로젝트

2012
유전자가위 기술
(게놈편집가능)

1987
유전자 조작
콩, 벼 탄생

1994
첫번째 FDA 승인
유전공학식품

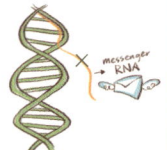

2002
RNA저해를 통한
유전자기능저해 기술

2012
3차원 세포 배양 기술
(동물실험대체)

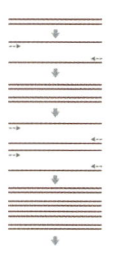

1988
PCR 개발

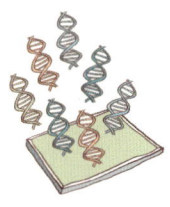

DNA 칩

시스템스
바이올로지 탄생

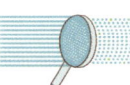

2013
단일세포
유전체분석기술

하지만 무엇보다 생명공학의 시발점은 DNA가 유전물질임이 밝혀진 사건이라 하겠다. 1944년 미국 록펠러 인스티튜트(현 록펠러대학) 대학의 오스왈드 아버리 박사 연구진은 '스트렙토코코스'라는 박테리아의 정제된 DNA가 병을 일으킬 수 있는 물질임을 밝혀냈다. 이로써 DNA가 유전물질임을 제시하였고, 1952년 알프레드 허셰이와 마샤 체이스 박사가 박테리오페이지를 이용하여 이를 입증하였다. 이들에 의해 DNA가 생명체의 형질을 결정하는 유전물질이라는 사실이 규명됨으로써 DNA를 이용한 생명공학의 탄생이 예견되었다고 하겠다.

생명공학의 발전과 관련하여, 무엇보다 중요한 사건은 1952년 당시 영국 케임브리지 대학에 있던 제임스 왓슨과 프렌시스 크릭에 의해 DNA가 3차원적 이중나선형 구조로 이루어져 있음이 밝혀진 것이다. 그로부터 수십 년이 지난 후 미국의 생물산업협회장이었던 군터 스텐은 그들의 발견을 생명과학·공학 분야에서의 르네상스와 같은 사건이라고 극찬하기도 하였다.

DNA 구조를 밝힌 후 왓슨과 크릭은 'DNA가 어떻게 증식되는가'에 관한 연구에 노력을 기울였다. 이들은 곧 'DNA가 어떻게 자신과 같은

생명공학 여행을 위한
기초 지식

또다른 DNA를 만들어 내는지' 즉, 복제방법에 대한 가설을 발표했다. 이들 가설에 의하면 DNA는 하나의 나선을 모체로 하여 이와 상보적인 나머지 나선이 합성된다는 것이었다. 이들이 제시한 이 '반보존가설'은 1957년 메튜 메셀슨과 프랭클린 스톨에 의해 입증되었다.

이로써 유전정보를 가지고 있는 DNA가 어떻게 한 세대로부터 다음 세대로 이어지고 증식되는지에 대한 의문점이 해결되었다. 이어 1961년 DNA의 유전정보가 복사된 중간유전물질인 mRNA가 규명되었고, 1966년 미국 국립보건원의 마샬 네이렌버그 박사와 뉴욕주립대의 세브로 오초아 박사 그리고 MIT 대학의 고빈드 코라나 교수 등이 mRNA의 유전부호가 가지고 있는 아미노산의 정보를 밝혀 유전물질과 단백질의 관계를 명확하게 규정하였다.

DNA의 구조를 밝히는 데 공헌한 숨은 얼굴들

왓슨과 크릭이 DNA 구조를 밝힌 것은 생명과학 혹은 공학 분야에서 단일사건으로는 가장 중요한 사건으로 여겨지고 있다. 하지만 왓슨과 크릭의 연구에 결정적으로 영향을 미친 연구자들의 연구는 상대적으로 그 중요성이 하향 평가된 바 있다. 왓슨과 크릭의 연구에 가장 큰 기여를 한 사람으로 어윈 샤가프를 들 수 있다. 샤가프는 1950년 DNA에 존재하는 염기가 항상 일정한 규칙을 가지고 있음을 발견한 사람이다. 그는 사람, 연어, 당근, 쥐 등 여러 가지 생명체에서 DNA를 추출하여 그들을 구성하는 아데닌, 시토신, 티민, 구아닌의

네 가지 염기의 양을 측정하다가 아주 재미있는 현상을 발견하게 된다. 구아닌은 항상 시토신과 같은 양으로 존재하고, 아데닌은 항상 티민과 같은 양으로 존재한다는 사실이다. 이것은 '염기동량설' 이라는 가설로 받아들여졌으며, 왓슨과 크릭이 이중나선형 DNA 구조모델을 제시할 때 DNA가 아데닌-티민, 구아닌-시토신의 형태로 염기쌍을 이루는 모델을 제시하는 데 핵심적인 기여를 했다(52쪽 참조).

왓슨과 크릭의 DNA구조 결정에 중요한 역할을 한 또 하나의 연구 결과가 있다. 영국의 킹스 대학의 모리스 윌킨스와 로잘린 프랭클린이 규명한 DNA의 X-선 회절실험 결과이다. 이들은 DNA 결정에 X-선을 쪼여주고 굴절된 빛의 영상을 관찰한 결과 DNA가 규칙적인 간격과 일정한 형태를 지니는 구조로 이루어져 있음을 밝혀내었다. 이 실험 결과 역시 왓슨과 크릭의 이중나선형 DNA의 구조결정에 결정적인 영향을 미쳤다. 1953년 4월 25일자 〈네이처〉지에는 왓슨과 크릭의 논문과 그들의 연구결과가 함께 게재되었다.

그렇다면, 왓슨과 크릭의 연구가 왜 그렇게 중요하게 인식되고 있는 것일까? 이것은 그들의 단편적인 연구결과에 있는 것이 아니라 DNA 구조에 관련한 완벽성과 최종성에 있다 하겠다. 이들은 윌킨슨과 프랭클린이 X-선 회절실험으로 밝혀낸 구조결과와 샤가프의 염기동량성에서 얻어진 아이디어와 부수적인 결과를 보완하여 오늘날에도 거의 손볼 필요가 없는 완벽한 형태의 DNA 이중나선형 구조모델을 제시한 것이다. 이들의 연구가 다른 연구자들의 연구결과처럼 DNA구

조 전체에 대한 이해가 아닌 단편적인 것이었다면, 왓슨과 크릭의 연구도 다른 연구자들의 것처럼 과학사에 하나의 에피소드로만 남았을 것이다.

유전자재조합기술 개발로 이루어진 혁신

1970년대에 들어서면서 생명공학계는 유전자재조합기술의 개발로 혁신적인 변환시기를 맞게 된다. 이때부터 과학자들은 재단사가 천에 밑그림을 그리고 천을 잘라 붙여서 옷을 만들 듯, DNA를 설계하여 잘라 붙이고 세포 내로 전달하여 증식시킬 수 있게 되었다. 이러한 유전자재조합기술은 과거에는 가능하지 않았던 새로운 생명공학 제품개발이 가능한 시대를 열게 하였으며, 의·약학, 식품, 에너지, 환경, 농업 등 관련 분야에 커다란 영향을 미치며 오늘에 이르게 된다. 예로써, 재조합인슐린과 같은 단백질 의약품이 등장하였고, 유전자변형식품, 무르지 않는 형질전환 토마토와 추위에 저항성을 지니는 벼가 탄생하였다. 또한 단백질이 세포 내에서 어떻게 작용하는지를 이해함으로써 신약개발이 활발해 졌으며, 세포성장과 관련된 신호전달을 억제하는 '글리벡'과 같은

용어팁

유전자재조합기술(Recombinant DNA technology)
서로 다른 유래의 DNA들의 혼합(hybrid) 형태로 새로이 만들어 이용하는 기술이다. 특정 source DNA(or foreign DNA)를 host DNA(or vector)라고 불리는 DDNA에 삽입하여 호스트에 전달, 증폭한다. 분자생물학의 기본이 되는 기술로, 유용 단백질의 대량생산 등 생명공학기술의 산업화에 획기적인 전기를 마련했다.

tip

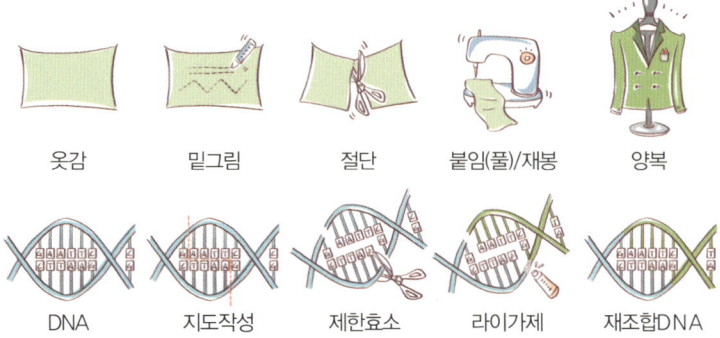

옷감   밑그림   절단   붙임(풀)/재봉   양복

DNA   지도작성   제한효소   라이가제   재조합DNA

유전자재조합 기술

신약이 이런 방법으로 개발되었다.

1977년 프레드 생거에 의해 유전자염기서열기법이 개발된 이후, 1988년 케리 뮬리스는 시험관 내 유전자를 증폭시키는 방법인 PCR을 개발하였다. 이 방법의 개발로 시험관 내에서 짧은 시간 동안 특정DNA를 많이 증폭할 수 있게 되었다. 이로 인해 오늘날 생명공학의 근간이 되는 분자생물학이 더욱 발전되었고, 유전자조작방법을 이용하는 생명공학 발전에도 큰 영향을 끼치게 된다.

우리는 평소에 어떤 사람이 무슨 일을 하는지 모르는 경우가 많다. 하지만 그 사람이 자리를 비워 그 역할을 하지 못했을 때 발생하는 문제점을 통해 그 사람의 역할을 알게 되는 경우가 있다. 이와 마찬가지로 어떤 생물의 특정유전자의 기능을 알아보기 위해서는 그 유전자를 인위적으로 손상시킨 후 그 생물에 어떤 변화가 나타나는지를 관찰함으

생명공학 여행을 위한
기초 지식

로써 그 유전자의 기능을 알아낼 수 있다. 예로써 어떤 유전자를 망가 뜨렸을 때 세포나 생명체의 성장속도가 늦어지면, 그 유전자는 성장 에 관련한다는 것을 알 수 있게 된다. 박테리아나 효모와 같은 미생물 의 유전자를 망가뜨려서 그 유전자의 기능을 연구하는 방법은 오래전 부터 널리 사용되어 왔다. 특히 동물에서 특정유전자를 손상시킨 후 그 유전자의 기능을 연구하는 방법을 통해 사람의 질병을 연구할 수 있기 때문에 그 중요성은 한층 높게 인식되고 있다.

이 경우 가장 많이 이용되는 동물이 바로 생쥐이다. '넉아웃 마우스' 라고 흔히 불리는 유전자적중 생쥐는 특정유전자를 망가뜨린 생쥐로 그 생산방법이 매우 잘 설립되어 있다. 때문에 동물에서 특정유전자 의 기능을 알아내는 데 생쥐가 중요한 도구로 사용되고 있다. 예로써 렙틴이라는 유전자가 손상된 생쥐가 끊임없이 먹어대고, 보통 쥐에 비해 매우 살찐 비만 쥐가 되는 것을 관찰함으로써 렙틴 유전자가 식 욕억제를 통해 비만을 방지한다는 것을 알 수 있게 되었다. 또한 어떤 유전자를 인위적으로 집어넣은 마우스를 '형질전환 마우스'라고 부르 는데 이 형질전환 마우스가 특별한 기능이나 능력이 달라진 것을 보며 그 유전자의 기능을 예측하기도 한다. 특정유전자를 집어넣어 일반 마우스보다 똑똑한 생쥐를 만들 수도 있고, 고양이를 무서워하지 않 는 겁 없는 생쥐를 만들 수도 있다. 이렇게 만들어진 형질전환 혹은 넉 아웃 마우스들은 현재 수천 종류에 달하며, 난치병을 포함한 수많은 질병치료나 신약개발 연구 등에 매우 유용하게 사용되고 있다. 원화

특정 유전자의 기능을 없애 보면 그 유전자가 하는 일을 알
수 있다. 렙틴이라는 유전자의 기능을 없앤 생쥐가 많이 먹
고 비만이 되는 것을 보아 렙틴이 식욕 억제를 통해 체중조
절을 수행하는 유전자임을 알 수 있다. 왼쪽은 렙틴 기능을
망가뜨린 비만 쥐이고 오른쪽은 정상 쥐이다.

로 160억 원의 가치를 가지고 있는 귀하신 '쥐님' 들도 있을 정도다.

생명공학의 미래를 연 인간게놈프로젝트

생명과학 및 공학 분야를 우주 및 국방 산업과 같은 커다란 과학 분야
로 이끈 계기가 된 중요한 사건은 바로 '인간게놈프로젝트' 라 하겠다.
인간게놈프로젝트는 30억 개의 염기쌍으로 이루어진 전체 DNA의 염
기서열을 밝히고자 한 과제였다. 인간의 모든 생명현상을 조절하는
유전자를 체계적으로 연구하기 위한 혁명적인 프로젝트였던 것이다.
과학연구의 중요도를 나타내는 소위 '빅사이언스(Big Science)' 를 분류
할 때 이전까지는 국방과학, 우주과학 등을 손꼽았으나, 인간게놈프

생명공학 여행을 위한
기초 지식

로젝트 시작을 계기로 생명과학·공학 도 이 대열에 끼게 되었다.

게놈프로젝트는 DNA 구조 모델을 제시 하여 1962년 노벨상을 수상했던 제임스

왓슨 박사가 자신의 영향력을 발휘하여 정치인들을 설득해 프로젝트 가 시작되는 계기가 마련됐다. 이 같은 인간게놈프로젝트는 원래 계 획했던 것보다 훨씬 앞당겨진 2001년에 초안이 완성됐고, 2003년에 드 디어 완료되었다. 예상보다 인간게놈프로젝트가 일찍 달성될 수 있었 던 것은 프로젝트를 수행하는 데 이용되는 중요한 기술의 발전이 뒷받 침 되었기 때문이다. 그중 하나는 염기서열을 결정하는 자동염기서열 결정기계의 진보를 들 수 있다. 그리고 염기서열 분석을 위해 필요한 커다란 DNA 조각을 보유할 수 있게 해주는 '이스트인공염색체(yeast artificial chromosome)'라는 벡터의 개발 역시 인간게놈프로젝트를 보다 빨리 완성할 수 있도록 하는데 기여했다.

인간게놈프로젝트에 의한 유전자지도 완성 이후 우리 인류는 포스트 게놈시대에 들어서게 되었다. 사람의 유전정보를 자유롭게 이용할 수 있는 전기를 맞이하게 된 것이다. 포스트게놈시대 이후 사람들은 다 양한 희망과 기대로 크게 들뜨게 되었다. 기존의 의료기술로는 치료 가 불가능했던 각종 난치병의 치료제가 개발되고, 재생이 불가능한 세포나 조직을 대체할 수 있는 인공세포와 장기가 개발되는 등 과거에 는 가능치 않았던 기술에 대한 기대가 크게 증가되었다. 또한 인종이

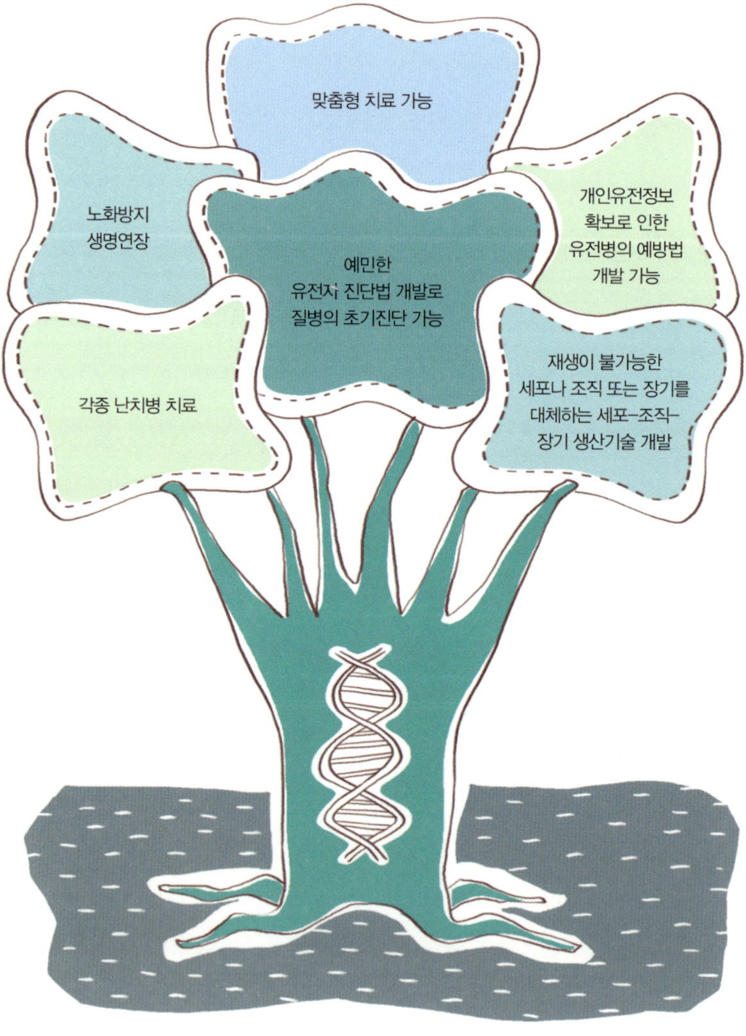

맞춤형 치료 가능

노화방지
생명연장

개인유전정보
확보로 인한
유전병의 예방법
개발 가능

예민한
유전자 진단법 개발로
질병의 초기진단 가능

각종 난치병 치료

재생이 불가능한
세포나 조직 또는 장기를
대체하는 세포–조직–
장기 생산기술 개발

사람유전자 지도 완성 후의 포스트게놈시대에 생명공학에 거는 기대는 크다.

생명공학 여행을 위한
기초 지식

나 개인별 유전적인 성향에 맞는 맞춤형
치료제를 개발하거나, 민감한 유전자 혹
은 단백질 감지를 통한 혁신적인 진단법
의 개발 등도 꿈꾸게 되었다.

노화방지를 통한 생명연장으로 무병장수에
대한 희망을 품은 것은 두말할 나위도 없다.

하지만, 인간게놈프로젝트가 완료된 현시점에서도, 생명현상에 대한
온전한 이해와 이용을 위해서는 아직도 걸어가야 할 길이 멀다는 말
도 종종 듣게 된다. 이는 DNA 염기서열을 바탕으로 한 단순한 유전체
정보만으로는 생명현상을 이해할 수 없기 때문이다. 이를 위해 실질
적으로 생명현상을 조절하고 이끌고 있는 유전자정보해독 물질인 단
백질 기능에 대한 이해가 선행되어야 한다. 단백질의 성격을 밝히기
위해 과거에 해온 대로 단백질 하나하나의 성격을 규명하는 것은 시간
이 많이 걸리고, 복잡한 세포 혹은 생명체의 현상을 이해하는 데 많은
어려움이 있다. 하지만 포스트게놈시대에 들어선 오늘날 과거에 특정
유전자나 그 산물인 단백질들을 하나하나 자세히 연구하던 것과는 달
리 특정 조직이나 기관 등에 관련된 유전자 및 단백질들을 전체적으로
이해하고자 하는 시도가 활발하게 이루어지고 있다.

한 생명체의 유전자 전체를 의미하는 게놈(genome)을 연구하는 학문
인 '지노믹스(genomics; 유전체학)'가 이미 오래전 등장하였고, 단백질
을 전체적으로 분석하여 이해하고자 하는 학문인 '프로테오믹스

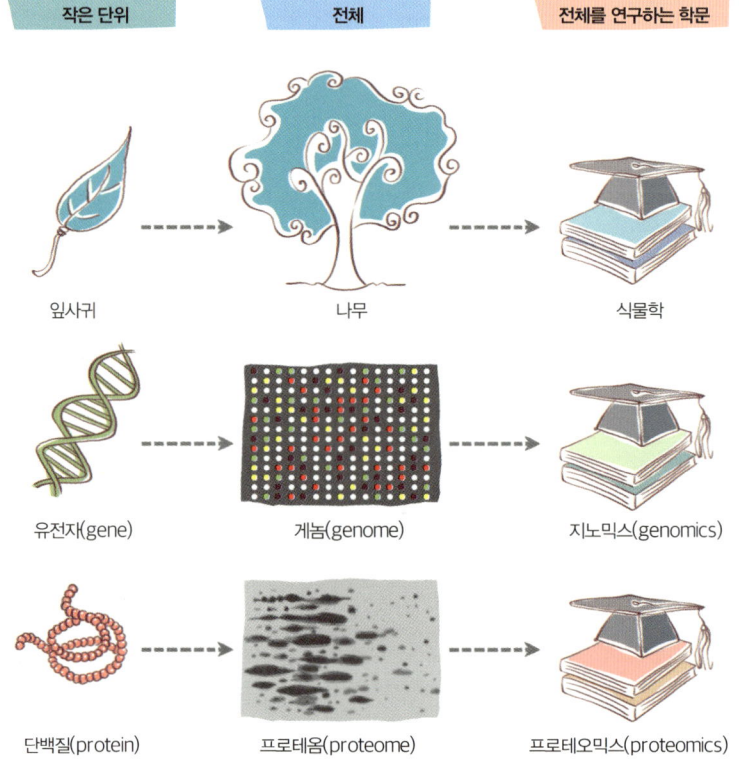

작은 단위	전체	전체를 연구하는 학문
잎사귀	나무	식물학
유전자(gene)	게놈(genome)	지노믹스(genomics)
단백질(protein)	프로테옴(proteome)	프로테오믹스(proteomics)

유전자와 단백질 전체에 대한 이름이 게놈(genome)과 프로테옴(proteome)이다. ome은 영어로 'as a whole' 을 나타내며, 우리말로 '전체적으로' 라는 뜻을 지닌다. 지노믹스(genomics)와 프로테오믹스(proteomics)는 각각 게놈과 프로테옴을 연구하는 학문을 의미한다.

(Proteomics; 단백체학)' 가 탄생했다. 이처럼 전체를 한꺼번에 연구하고자 하는 학문(omics)은 DNA 혹은 단백질을 전체적으로 분석하고 이해하고자 하는 포스트게놈시대의 중요한 학문 분야라고 할 수 있다.

생명공학 여행을 위한
기초 지식

2007년 노벨생리의학상에 빛나는
영예의 얼굴들

미국 유타대학의 마리오 카페키, 미국 노스캐롤라이나대학 마틴 에반스 그리고 영국의 카디프대학의 올리버 스미티스 박사가 2007년 노벨생리의학상을 공동 수상하는 영예를 차지했다. 그들에게 노벨상을 안겨 준 것은 바로 유전자적중 (gene targeting) 기술이었다.

이들이 기여한 유전자적중 기술은 동물에서 DNA 재조합기술과 배아줄기세포를 이용하여 특정유전자를 소실시킨 넉아웃 마우스와 형질이 변형된 마우스를 생산하는데 이용되는 것이다. 앞서 언급한대로 유전자를 미생물 등에서 없애거나, 새로이 집어 넣는 방법은 비교적 쉽게 수행할 수 있으나, 동물을 대상으로 할 경우 그 같은 일을 수행하기는 쉽지 않다. 성장한 생명체에는 수많은 세포가 있고, 쥐의 경우에도 1조 개가 넘는 세포가 있다. 때문에 이들 세포 속에 들어있는 유전자를 하나하나 바꾸는 것은 불가능하다. 따라서 쥐의 유전자를 없애거나 인위적으로 집어넣기 위해서는 세포의 숫자가 작은 발생초기의 배아단계에서 조작해야 한다. 유전자적중 기술이 바로 이러한 일들을 가능하게 한다.

그들의 연구는 기초연구는 말할 것도 없이, 노화 및 각종 질병치료 등과 관련된 의학 분야에도 상당한 기여를 했다. 또한 이들이 개발한 방법을 이용해 마우스의 게놈 DNA를 다양한 형태로 변형할 수 있기 때문에, 생산된 질병모델 마우스를 통해 인간의 질병과 관련된 유전자들의 기능을 밝히는 데에도 매우 유용하게 이용할 수 있다.

신의 영역에 도전하는 과학자들

창세기에 얽힌 이야기에서도 언급되지만 인간은 끊임없이 신의 영역에 호기심을 가져왔고, 그 영역에 도전해 왔다. 그 결과 스스로 커다란 재앙을 초래한 적도 많다. 최근 들어 사람들이 염려하고 있는 것 중의 하나가 바로 인간복제다. 인간이 인간을 만들어 낸다는 것은 그야말로 신의 영역에 도전하는 것이 아닐 수 없다. 체세포복제방법에 의해 생산된 복제양 돌리 이전에도 동물뿐만 아니라 인간복제에 대한 시도가 있었다. 그때마다 언론과 일반인들에게 엄청난 반향을 불러일으켰다. 1993년 워싱턴 대학병원에 근무하던 로버트 스틸만 박사와 제리 할 교수가 인간배아를 복제했다는 소식이 캐나다의 한 학술회의에 알려지면서 이들의 연구 내용은 전 세계 언론의 주목을 받았다. 이들이 워싱턴으로 돌아온 직후 한나절 동안 수백 통의 전화를 받은 것을 보더라도 그들의 연구에 대한 관심을 짐작할 수가 있다.

실제 스틸만 박사와 할 교수의 인간복제 실험은 진정한 의미의 복제는 아니었다. 이들의 방법은 1996년 복제양 돌리 이후 기술적으로 가능해진 체세포복제방법(64쪽 참조)이 아니라, 일란성 쌍둥이가 태어나는 원리를 이용하여 배아(145쪽 참조)를 복제한 것이기 때문이다. 돌리 탄생 이후 발전한 오늘날의 복제기술은 당시의 결과와는 비교도 안 될 만큼 실로 엄청난 발전을 거듭해 오고 있다.

생명공학 여행을 위한
기초 지식

최근 사람과 같은 영장류인 원숭이가 체세포복제방법에 의해 만들어졌다. 현실적으로 유전정보만을 이용하여 사람을 복제할 수 있는 기술이 확보되어 있는 것으로 추정된다. 치료목적으로 배아를 복제하는 이상과 논리에 앞서, 인간의 존엄성을 훼손시키고 인류의 엄청난 재앙을 가져올 수 있는 상황이 눈앞에 다가온 것이다. 이 같은 이유로 오늘날 전세계 국가들은 앞다투어 인간복제를 금지하는 법률을 제정하고 있다.

인간복제뿐만이 아니다. 2000년도에 들어 신의 영역에 도전하는 또 다른 부류의 연구자들이 있었다. 바로 합성생물학자들이다. 이들의 꿈은 우리가 살고 있는 자연계에 존재하지 않는 새로운 생명체를 만들려는 것이다. 현재 과학적인 진보와 발전이 있었음에도 불구하고, 많은 사람들은 합성생물을 만드는 일에 대해 부정적인 견해를 취하고 있다. 생명윤리 분야에서 미국 조지 부시 대통령의 자문을 담당했던 리언 카스는 "과학자들은 인간뿐만 아니라 그 어떤 생명체의 작동원리를 이해할 수 있는 능력이 태생적으로 없다"는 말로 그의 소신을 밝힌 바 있다. 또한 2006년 교황은 "인간이 하느님의 영역을 차지하려는 태도는 말도 안 되는 자만이고 무모하고 위험한 시도이다"라고 연설했다.

하지만 이 같은 생각에 도전장을 내듯 2007년 10월 미국 캘리포니아의 크레이그 벤터 박사는 살아있는 생명체의 염색체와 비교해서 매우 간단하게 구성되어 있는 '합성염색체'(synthetic chromosome)를 만드는 데 성공했다. 벤터 박사는 인간 게놈프로젝트를 주도한 과학자로 합성생물학연구에 전념해 왔다. 이들이 합성한 염색체는 51만 쌍의 염기쌍으로 구성되어 있으며, 그 속에 281개의 유전자가 들어있다. 4백만 염기쌍과 4,401개의 유전자로 구성되어 있는 이콜리와 같은 단순한 박테리아와 비교해도 훨씬 단순하다는 것을 알 수 있다.

이같이 만들어진 합성염색체를 유전정보가 해제된 전립선염박테리아에 이식하여, 새로운 생명체를 탄생시킨 것이다. 사실 그들이 만든 단세포 유기체는 이미 존재하는 생명체인 전립선염박테리아를 기반으로 만들어진 것이다. 또한 합성염색체 속에 들어있는 많은 유전자들이 새롭게 만들어진 것들이 아니라 원래 전립선염박테리아가 생존하는 데 필요한 것들을 그대로 이용했기 때문에 진정한 의미의 합성생명체를 만든 것은 아니다. 다시 말해 합성염색체를 이용해 생물의 성격을 바꾼 것이라고 봐야 한다.

이 같은 이유 때문에 상당수의 과학자들은 새로울 것이 없다고 그 결과를 하향 평가하기도 한다. 하지만 인위적으로 유전자들을 재조합한 합성염색체를 이용하여 생명체를 만들어 보고자 하는 시도 자체는 높이 평가할 만한 것이다. 복제 그리고 인공생명체 탄생 등을 포함한 눈부신 생명공학의 발전은 인간이 신의 영역에 도전하는 것이 가능할지도 모른다는 생각을 갖게 한다. 이러한 생명체 제조를 위한 노력이 종교계나 환경론자들에게는 인간의 존엄성을 말살하고 환경을 파괴하는 재앙으로 보이지만, 인간의 삶을 풍요롭게 한다는 소신을 바탕으로 신의 영역에 도전장을 내는 과학자들은 자신들의 연구에 결코 망설임이 없는 것이다.

신의 영역에 도전하는 과학자들 II
-유도만능줄기세포

줄기세포는 우리 몸을 구성하거나 각종 기능을 수행하는 세포로, 변신할 수 있는 잠재력을 가지고 있는 세포들로서 크게는 배아줄기세포와 성체줄기세포로 나눌 수 있다. 배아줄기세포는 정자와 난자가 만나서 만들어진 수정란이 분열을 시작하여 많은 수가 되는데, 이들이 분화라는 변신과정을 통해 배아를 형성하는 기능을 수행하는 세포들로 변신하기 전에 일정 기간 존재하는 세포로서 자가분열을 할 수 있고, 우리 몸의 모든 종류의 세포로 변할 수 있는 일종의 만능세포라고 할 수 있다. 성체줄기세포는 성인의 피부, 골수, 뇌, 내장 등 특정 조직 및 장기에서 특이적인 기능을 수행하는 세포와 함께 적은 수로 존재하며, 조직 및 장기가 사고 및 질병 등으로 손상을 입게 되면, 변신(분화)하여 그들을 대체한다. 이 같은 성체줄기세포는 특정 몇몇 세포로만 변신할 수 있기 때문에 변신할 수 있는 잠재력 면에서 제한이 있다. 현재 의학적으로 이용하는 줄기세포는 대부분 이와 같은 성체줄기세포다. 배아줄기세포는 신체의 모든 세포로 변신할 수 있으므로 의학적인 활용도가 높을 것 같지만, 암세포와 유사하게 끊임없이 분열하는 성격 때문에 암 발생 위험성과 면역거부반응 등의 문제를 일으킬 수 있기 때문에 현재까지도 환자 치료에 사용하는 예는 거의 없다. 이와 더불어 종종 배아를 이용하여 세포를 채취해야 하는 경우 인간의 존엄성과 관련된 중요한 윤리적인 문제를 일으킬 수 있다. 이 같은 문제에 대한 해결 실마리를 제공한 것이 '유도만능배아줄기세포'로 다 자란 성체의 체세포를 역분화시켜서 배아줄기세포를 만든 것이다. 세포의 역분화는 자연계에서는 일어날 수 없고, 인위적으로 만들 수밖에 없다. 유도만능배아줄기세포는 만드는 과정에서 자신의 세포를 사용할 수 있으므로 의학적으로 이용할 때 면역거부반응 문제를 해결할 수 있다. 또한, 배아를 이용하는 데 따른 윤리적인 문제를 배제할 수 있어 2006년 일본 교토 대학의 야마나카 신야 교수가 처음 개발한 뒤로 실용화하기 위해 수많은 연구 개발이 진행되었다. 하지만 추가적인 많은 연구를 통해 이 유도만능배아줄기세포가 수정 후 분열을 통해 만들어지는 자연적 배아줄기세포와는 다른 점이 많고, 안전성 면에서 검증되지 않아서 한동안 실제 환자에 적용하기에는 힘들 것으로 보인다. 하지만 유도만능배아줄기세포는 불가능이라 여겨졌던 성체의 체세포를 역분화를 통해서 만들었다는 면에서 신의 영역을 거스르는 놀라운 과학적 발전이라 할 수 있겠다.

용어 팁

유도만능배아줄기세포 : 유도만능배아줄기세포는 역분화줄기세포로 성체의 피부 세포와 같은 체세포에 역분화를 일으킬 수 있는 특정 유전자나 단백질을 도입하여 만든 인공세포이다. 배아줄기세포처럼 다양한 세포로 변신 능력이 있는 일종의 만능세포로, 일본 교토대의 야마나카 신야 교수가 처음으로 만드는 데 성공하였다.

tip

신의 영역에 도전하는 과학자들 III – 유전자 편집

1950년대 초반에 DNA의 이중나선형 구조가 규명되고, 이에 대한 생물학적 의미가 밝혀지면서 생물학 분야는 일대 르네상스와 같은 시기를 맞는다. 곧이어 DNA가 한 세대에서 다음 세대로 이어지는 복제 방법이 밝혀졌고, DNA-RNA-단백질의 관계를 바탕으로 하는 유전자 발현 메커니즘이 밝혀지면서, 분자생물학 연구는 전성기를 맞이한다. 이와 더불어 1970년대에 제한효소, 벡터, 대장균 등을 이용한 유전자재조합기술의 발달은 '유전공학'이라는 단어를 탄생시키며 생명공학의 번성을 예고했고, 오늘에 이르게 된다. 이후 시험관 내에서의 유전자 증폭, 작은 RNA를 이용하여 특이적으로 단백질 생산을 조절하는 방법 등이 개발되어 눈부신 생명공학 기술 발전의 기반이 되었다.

1970년대 제한효소의 발견으로 시작된 유전자 편집 기술은 특정 유전자를 잘라내어 붙이고, 또 표적 특이적으로 염기서열을 바꾸고 조작하는 기술과 함께 놀랍게 발전해 왔다. 이 같은 제한효소를 이용한 유전자 편집은 인지 가능한 염기서열이 10개 이하로 짧아 특이성이 낮았다. 따라서 염기서열이 긴 생명체의 염색체를 편집하는 데는 대부분 적용되지 못하고, 플라스미드 벡터 등의 연구에 한정적으로 사용되었다. 이를 해결하는 방법으로 등장한 것이 유전자 가위다. 유전자 가위는 유전체에서 특정 염기서열을 인식해서 자르는 방법으로 1세대의 징크핑거 뉴크레이스(zinc finer nuclease)와 2세대의 탈렌(Talen)을 거쳐 오늘날 3세대의 크리스퍼(CRISPER/Cas9) 가위 시스템으로 발전하며 그 유용성이 더욱 확고히 증명되고 있다. 1, 2세대 유전자 가위는 절단할 게놈 서열을 인식하는 DNA결합 단백질 도메인을

정확한 위치에 놓으려면 아미노산 서열을 바꿔 단백질의 3차원 구조를 바꿔야 하는 등 복잡하여 가위 제작이 어려웠고, 비용도 많이 들어 활용하는 데 어려움이 있었다. 또한 DNA 결합 단백질 도메인을 길게 만들기 어려우므로 기다란 염기 서열을 인식하게 하기도 어려워, 유전자 가위의 정확도를 높이기 힘들었다.

2012년 에마니엘 샤르팡튀에 교수와 제니퍼 다우드나 교수가 처음 제안한 3세대 크리스퍼유전자 가위 기술은 세균의 면역체계로부터 발견된 것을 이용하는 기술로, 원하는 DNA를 자르고 새로운 DNA를 삽입할 수 있는 유전자 편집기술로 게놈 수준에서 유전자를 변형시키는 혁신적인 방법으로 등장하였다. 크리스퍼 유전자 가위 기술이 1세대와 2세대 유전자 가위 기술과 다른 가장 큰 차이점은 1, 2세대 유전자 가위는 DNA 결합 단백질을 이용했지만, 크리스퍼는 가이드 RNA(short guide RNA, sgRNA)를 이용해 유전체를 인지한다. 가이드 RNA는 단백질보다 훨씬 만들기 쉽고, 징크핑거 뉴클레이즈나 탈렌처럼 단백질을 연결하는 과정도 필요 없다. 이 방법은 편집을 원하는 표적 DNA 서열과 상보적인 가이드 RNA를 만든 후 이를 세균에서 발견한 Cas9 단백질을 붙여 염기 서열을 인식하여 잘라내는 방법이며, 유전자 가위에 대한 혁신을 불러왔다. 표적 DNA와 상보적인 RNA를 만들면 되므로 탐지 서열을 길게 만들기도 쉽다. 따라서 크리스퍼 유전자 가위는 유전자 편집의 정확도와 성공률을 현저히 높이는 동시에 설계 시간과 비용을 절감시켰다. 무엇보다도 연구자가 원하는 부분을 정확하게 인식하여 편집할 수 있는 점이 장점이 되었다.

오늘날 이 방법을 이용하여 유전자가 편집된 생쥐, 식물 등 다양한 생명체를 효과적으로 만들어 낼 수 있게 되었고, 과히 혁신적인 생명공학의 발전으로 평가되고 있다. 무엇보다도 3세대 크리스퍼 유전체 편집 방법은 혈우병, 암 환자 치료에

시도되고 있으며, 다양한 질병의 환자를 치료하는 데 사용될 것으로 전망되고 있다. 이 방법은 잠재적인 유용성이 다분하다. 이에 유전자 가위에 관한 개발 결과물은 지적 재산권 확보를 위해서 우리나라를 포함해 국제적으로 특허 경쟁도 치열한 상황이다. 이 같은 유전자 가위를 이용한 게놈 편집 시도는 생명공학의 혁신적인 발전으로 간주하지만, 인간 배아를 이용한 연구와 연계를 허용하는가는 윤리적인 논란의 뜨거운 감자가 되고 있다. 2015년 12월에는 최초로 인간유전체 편집에 대한 규제 방향을 제안하는 국제 정상회담이 개최되기도 하였다. 다시 말해, 신이 제공한 우리의 유전자, 크게는 게놈을 사람이 인위적으로 제어하려 한다는 면에서 신의 영역을 침범하는 중요한 과학적인 발전으로 간주하고 있다.

.

용어 팁

크리스퍼 유전자 가위 : 생명체의 세포에서 특정 유전자를 선택적으로 잘라낼 수 있는 3세대 유전자 편집 기술로, 가이드 RNA를 이용하여 유전체를 인식한 후 세균에서 유래한 '카스(Cas)'라는 단백질을 이용하여 잘라내며, 각종 유전병 치료나 동식물의 개량에 활용될 수 있다.

tip

Let's Go!

My Dream

Let's Play!

생명공학 더 깊이 들여다보기

생명체의 놀라운 변화, 형질전환

생명공학이 꿈의 과학으로 급부상하게 된 계기는 바로 1970년대에 개발된 혁신적인 DNA재조합기술이 생명공학기술에 접목되면서부터라고 볼 수 있다. 이로 인해 유전공학이라는 말이 탄생되기도 했으며, 이때부터 생명공학 연구개발이 더욱 활발하게 이루어지기 시작했다.

DNA재조합기술이 개발됨에 따라 과학자들은 각종 생명체로부터 DNA를 분리하고 증폭한 후 적당히 가공하여 다른 생명체에 집어넣을 수 있게 되었다. 다른 생명체의 세포로부터 확보한 DNA를 새로운 종류의 세포 혹은 생명체에 집어넣는 것을 형질전환이라고 한다. 형질전환된 세포나 생명체는 종종 원래 그들이 가지고 있던 기능과는 다른 새로운 능력을 가지게 되

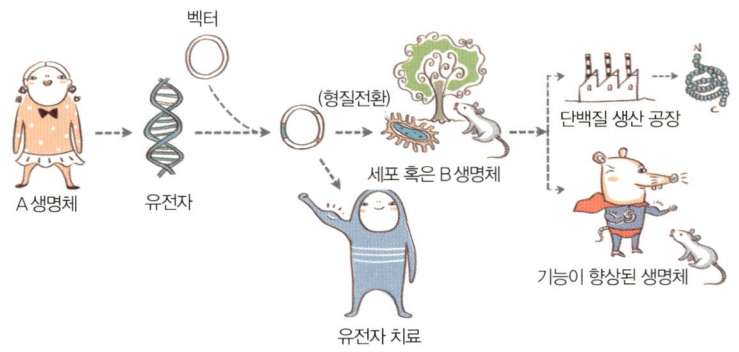

벡터

(형질전환)

A 생명체   유전자   세포 혹은 B 생명체   단백질 생산 공장

유전자 치료   기능이 향상된 생명체

어떤 생명체의 유용한 유전자를 뽑아서 다른 생명체에 넣어서 기능이 향상된 생명체를 탄생 시키거나 단백질을 생산하는 공장으로 활용할 수 있다. 사람의 경우 손상된 유전자의 기능을 대체할 수 있는 유전자를 넣어 유전자 치료법으로 활용할 수 있다.

거나 특정기능이 억제되는 등의 변화를 보인다. 이 같은 형질전환을 통해 특정유전자가 단백질로 정보가 해독되도록 제조한 형질전환 세포나 생명체를 단백질생산공장으로 이용할 수도 있다. 또한 치료효과가 있는 특정단백질을 생산하는 유전자를 벡터를 이용하여 환자에게 적용하는 유전자치료에 활용할 수도 있다.

생명공학자들의 소중한 친구 대장균

DNA를 재조합하고, 증폭하거나 혹은 손쉽게 단백질을 생산하는 일을 수행하기 위해서는 '이콜리'라는 대장균이 항상 중요한 도구로 이용된다. 대장균은 원래 장 속에 존재하는 세균으로 유전생화학적인 연구가 가장 많이 이루어진 생명체이다.

연구실에서 사용하는 대장균은 분자생물학적인 연구 및 개발에 이용될 수 있도록 조작한 것으로 병원성이 없다. 또한 성장속도가 빠를 뿐만 아니라 손쉽게 실험실에서 기를 수 있고, 대장균에 DNA를 형질전환시키는 것이 쉽기 때문에 DNA를 재조합하거나 증식하는 데 일상적으로 이용된다.

따라서 미생물을 연구하거나 동식물을 연구할 때 분자생물학적인 기술을 이용하는 생명공학자들에게 대장균은 없어서는 안될 친구와 같은 존재인 것이다.

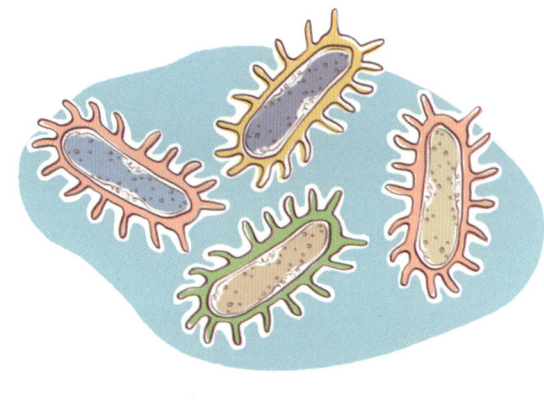

슈퍼맨의 꿈을 향한 첫 걸음,
마이티 마우스의 탄생!

사람들이 바라는 희망 중의 하나가 바로 강인한 체력이다. 과연 인간의 힘은 얼마나 강인해질 수 있고, 얼마나 오래 살 수 있을까? 2007년 11월 미국 케이스 웨스턴 리져브 대학의 리처드 헨슨 교수 연구진이 이러한 사람들의 희망에 대한 해답의 실마리를 보여주어 화제가 되었다.

리처드 헨슨 교수는 PEPCK-C(phospho-enolpyruvate carboxykinase C)라는 효소가 많이 생성되도록 한 형질전환 생쥐를 만들었다. PEPCK-C는 포도당의 대사에 영향을 미치는 효소로서 근육에서 에너지를 생성시키는 물질인데, 핸슨 교수 연구팀은 바로 이 효소의 대사 및 생리작용을 규명하기 위해 형질전환 마우스를 만들어 실험하고 있었던 것이다.

이들은 자신들이 만든 형질전환된 생쥐를 관찰하며 놀라게 되었다. 소위 슈퍼쥐로 불리는 이 쥐는 6킬로미터를 분당 20미터의 속도로 쉬지 않고 달릴 수도 있고, 일반 쥐보다 60퍼센트 이상 많이 먹음에도 불구하고 정상 쥐보다 지방이 10퍼센트나 적은 날씬한 체형을 유지하는 것이다. 또한 슈퍼쥐는 보통 쥐보다 2~3배 활동적이며 수명도 긴 것으로 밝혀졌다. 이는 바로 탄수화물보다 지방을 쉽게 에너지

Mighty Mouse

로 전환하는 강력한 능력 때문에 에너지 대사가 왕성해진 것으로 추정되고 있다. 그뿐 아니라, 정상 쥐들은 한 살이 넘으면 번식을 못하지만 슈퍼쥐 암컷은 2.5살에도 새끼를 낳을 수 있는 것으로 밝혀졌다.

우리가 운동을 하지 않다가 운동을 하게 되면 다음 날 근육이 아파 고생을 하게 되는 경우가 있다. 이는 젖산이라는 물질이 근육에 축적되어 일어나는 현상의 하나인데, 슈퍼쥐는 근육 내의 피로물질인 젖산을 잘 처리하기 때문에 강인한 체력을 가지는 것이다. 이 같은 슈퍼쥐의 탄생이 건강하고 활력있게 살고자 하는 우리 인간의 꿈을 실현시켜 주는 데 이용될 수 있을지 지켜보도록 하자.

관심있는 DNA를 운반하는 재조합 벡터를 제조하라

우리가 서울에서 부산에 가기 위해서는 기차라는 운송 수단이 필요하듯, 다른 생명체 혹은 세포에 DNA를 전달하기 위해서는 DNA를 날라주는 운반체가 필요하다. 이를 우리는 벡터라고 한다. 앞에서 이야기한 형질전환된 세포나 생명체를 제조할 때도 적합한 벡터를 이용하여 DNA를 전달한다. 운반용 벡터에는 원형 모양의 플라스미드라는 벡터가 가장 흔하게 이용되나 특정세포나 개체 등에 특정유전자를 형질전환시킬 때는 '레트로바이러스'와 '아데노바이러스' 같은 바이러스를 이용하여 DNA를 전달하기도 한다.

그럼, 벡터를 이용하여 어떻게 DNA를 전달하는 것일까? 먼저 전달하고자 하는 관심 있는 DNA를 재조합기술을 이용하여 플라스미드 등의 벡터 속에 집어넣어 재조합벡터를 제조한 후 형질전환을 통해 세포나 동물에 전달한다. 세포에 전달된 플라스미드의 경우, 자신에

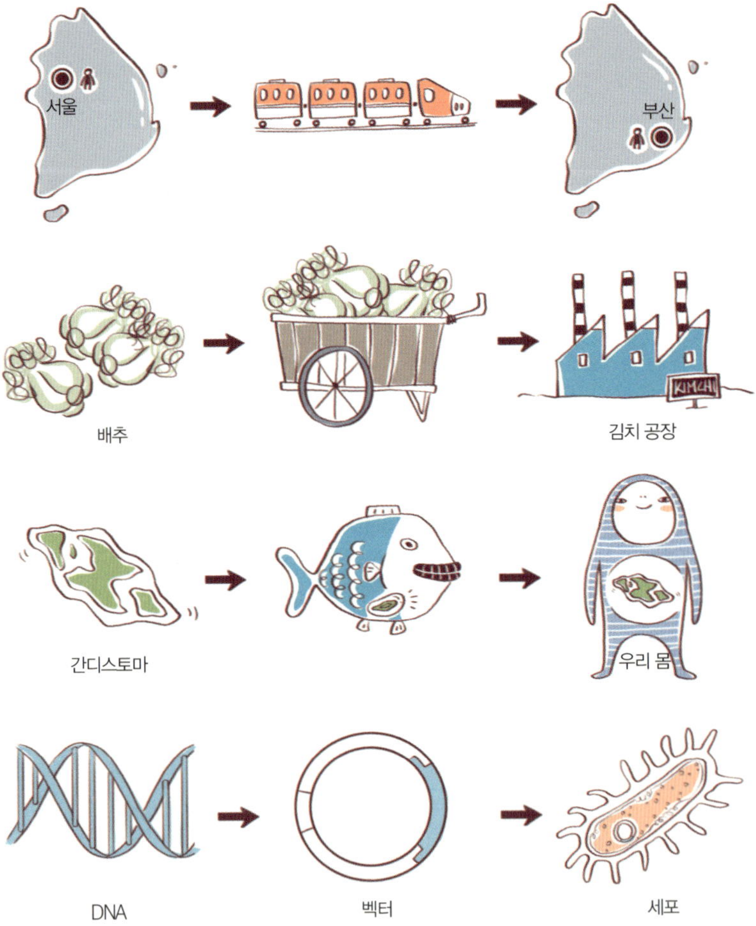

서울 → 🚄 → 부산

배추 → 🛒 → 김치 공장 KIMCHI

간디스토마 → 🐟 → 우리 몸

DNA → 벡터 → 세포

벡터는 DNA를 운반해주는 전달체다.

생명공학 더 깊이
들여다보기

게 존재하는 복제시작 부위를 이용하
여 염색체와는 별도로 복제될 수 있기
때문에 염색체와는 별개로 세포 내에
서 많은 숫자가 만들어질 수 있다. 세
포 속에 전달된 플라스미드는 세포가
성장하여 세대가 바뀜에 따라 점차적
으로 소실되는데, 플라스미드에 존재
하는 약제(주로 항생 물질)내성(저항성)
을 부여하는 DNA부위가 존재하기 때

문에 약제를 넣어준 배지에서 세포를 키우면, 플라스미드의 소실을
막을 수 있다. 세포에 플라스미드와 같은 외부의 DNA를 넣어주면
세포는 그 DNA를 어떻게 해서라도 제거하려고 하는데, 이는 우리
몸에 나쁜 무엇인가가 들어올 때 어떻게라도 그것을 제거하려 하는
것과 같다. 따라서 플라스미드를 세포가 가지고 있게 하기 위해서는
특정 플라스미드가 가지는 성격을 이용하여 그에 맞는 약제를 이용
해 선택하도록 해야 한다.

이 같은 선택의 원리는 인조 심장을 생각하면 쉽게 이해 할 수 있을
것이다. 어떤 환자가 심장기능에 이상이 생겨 수술을 통해 플라스틱
으로 된 인조 심장으로 대치하여 생명을 유지하고 있다고 생각해 보
자. 그 경우에는 자기 몸 속에 인조 심장이라는 커다란 플라스틱물질
이 들어있어도 그것을 제거하려 하지 않는다. 마찬가지 원리로 세포

도 외부에서 DNA가 들어오면 그 DNA를 제거하려 한다. 이 때 항생
물질 등의 약제를 처리하면, 일반적으로는 세포가 죽게 된다. 반면
외부에서 집어넣어준 플라스미드는 약제 내성을 부여하는 기능이 있
기 때문에, 원하지 않지만 세포는 플라스미드를 없애지 않고 지니고
있게 되는 것이다. 대장균의 경우 하나의 세포에 염색체가 하나인 방
면, 플라스미드는 항생물질을 포함하는 배지를 이용하여 세포를 키
울 경우 세포당 1,000 카피의 플라스미드를 복제하여 만들기도 한다.
벡터를 약제로 선택하여 플라스미드 상태로 유지시키지 않고, 그 벡

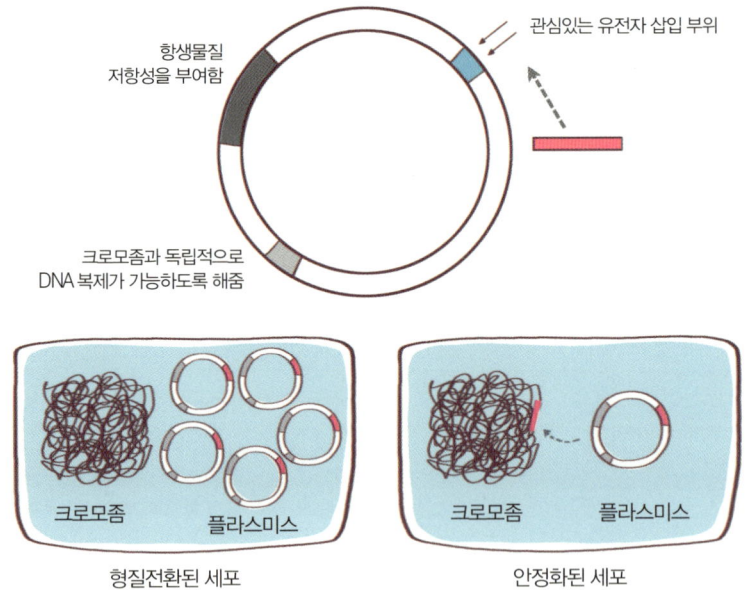

재조합 벡터를 이용한 플라스미드 DNA증식(좌측)과 DNA를 세포의 염색체에 집어넣어 항생물질
선택 없이 안정하게 세포에 존재하도록 하는 방법(우측)

터의 DNA를 염색체에 끼워 넣어 안
정된 상태로 세포에 존재하게 만들 수
도 있다. 이 같은 세포를 '안정화된 세
포'(stable cells)라고 부른다. 만드는데
시간이 걸리고 비용이 들지만 만들어
지면 단백질생산 등에 유용하게 이용
할 수 있다. 앞에서 언급한 바이러스
벡터를 이용해서 DNA를 세포나 동물
에 전달한 경우 형질전환이 일시적으로

이루어지는 형태로 이용하거나, 혹은 염색체 속에 안정화된 형태로
끼워 넣어 안정화된 세포를 만들어 사용하기도 한다.

재조합벡터 제조 방법

형질전환을 위한 벡터 제조와 수많은 분자생물학적인 연구개발에 이
용되는 기본적인 DNA 재조합기술은 어떤 것일까? DNA재조합은 어
떤 과정으로 이뤄지는지 살펴보자. DNA재조합을 위해서는 먼저 관
심 있는 DNA를 확보해야 한다. 이미 벡터에 들어있는 형태로 유전
자가 확보되어 있는 경우를 제외하고는, 관심 있는 DNA를 특정 생
명체의 세포나 조직에서 얻어서 원하는 벡터에 집어넣어 확보하게
된다. 모든 세포에는 그 생명체에 대한 모든 정보를 가지고 있는
DNA가 들어있다. 우리가 그 세포를 가지고 있더라도 자유롭게 이용

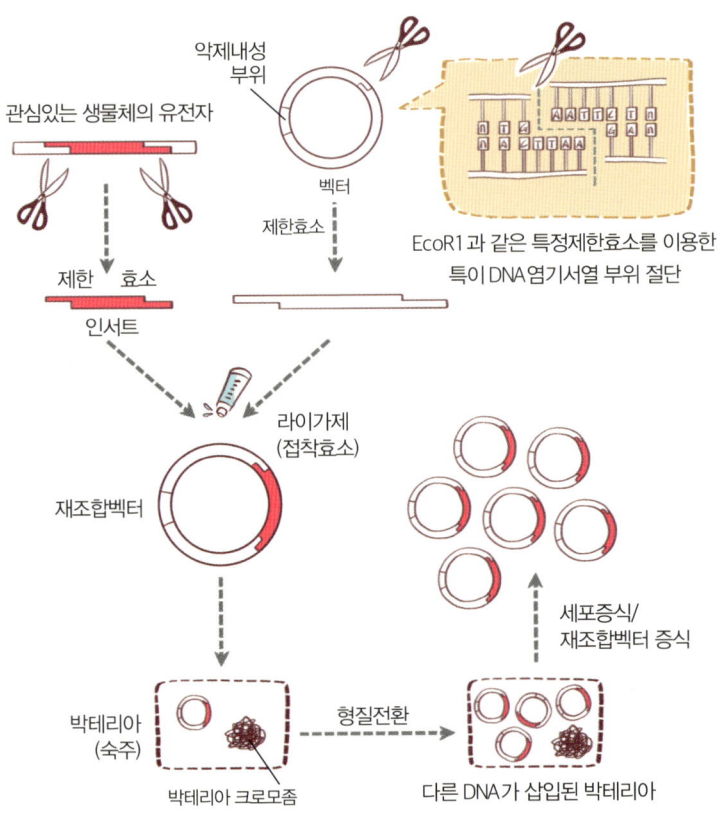

관심있는 생물체의 유전자

약제내성 부위

벡터

제한효소

EcoR1 과 같은 특정제한효소를 이용한
특이 DNA염기서열 부위 절단

제한 효소

인서트

라이가제
(접착효소)

재조합벡터

세포증식/
재조합벡터 증식

박테리아
(숙주)

형질전환

박테리아 크로모좀

다른 DNA가 삽입된 박테리아

유전자 재조합 및 증식 기술

하고 증폭할 수 있는 벡터에 들어있는 형태가 아니기 때문에 그 경우
에는 DNA를 확보했다고 할 수 없다. DNA 확보를 위해서는 세포 혹
은 조직으로부터 DNA를 확보해서 PCR같은 방법으로 증폭해야 한
다. 이 경우 벡터에 쉽게 집어 넣기 위해 특정 제한효소에 의해 절단

될 수 있는 염기서열을 가지는 형태로 인위적으로 합성할 수 있다. 확보된 DNA를 벡터에 끼워 넣기 위해서는 증폭된 DNA와 벡터 DNA를 동일한 제한효소로 절단한 후 '라이가제'라는 효소로 접착하여 재조합벡터를 제조한다. 이 경우 삽입하는 DNA와 벡터를 동일한 효소들로 절단해야만 열쇠와 자물쇠의 관계처럼 다시 결합할 수 있다. 제조된 재조합벡터는 생명과학자

용어팁

PCR Polymerase Chain Re-action, 폴리머레이즈 연쇄반응)
많은 양의 DNA를 시험관 내에서 대량으로 합성하는 방법으로 작은 양의 DNA 이용하여 열에 저항성을 가지는 DNA합성효소로 DNA를 증폭시킬 수 있다. 합성 단계마다 DNA양을 기하급수적으로 증폭할 수 있는데, 합성할 수 있는 DNA의 크기에 제한이 있으나 분자생물학, 생명공학 등에 있어서 없어서는 안 될 매우 중요한 방법이다.

tip

들의 친구인 대장균 세포에 형질전환시켜 증폭하여 보관하게 된다. 필요에 따라 관심있는 DNA를 또 다른 벡터에 옮겨서 다양한 목적으로 이용할 수도 있다.

재조합단백질 기술이 이뤄낸 성과

재조합단백질

단백질은 세포의 각종 기능을 수행하는 중요한 물질이다. 뿐만 아니라 많은 단백질들은 부가가치가 매우 높은 환자 치료용이나 산업용으로 개발되고 있다. 당뇨병 치료제인 인간인슐린, 발육이 느린 어린이의 성장촉진에 쓰이는 인간성장호르몬, 암 치료 등에 쓰이는 사이토카인, 혈우병을 치료하는 혈액응고인자 VIII 등 많은 단백질들이 치료제나 산업용 효소로 사용되고 있다. 하지만 이들 단백질은 DNA와는 달리 생명체에 있는 모든 세포에서 만들어지지 않고, 앞에서 언급한 대로 그 단백질에 대한 유전정보가 해독되는 세포에서만 만들어진다. 따라서 그 단백질이 만들어지는 세포나 조직에서만 단백질을 얻을 수 있다. 뿐만 아니라, 앞서 유전정보해독의 원리를 설명할 때 언급했듯이, 일반적으로 유전정보해독이 조직이나 환경에 따라 엄격하게 조절되기 때문에, 단백질이 생산되는 양이 적다. 따라서 유

생명공학 더 깊이
들여다보기

분류	유전자 재조합 단백질	적응증	단백질 생산 공장
호르몬	에리스로포에틴(erythropoietin)	빈혈	동물세포
	인간인슐린(Human insulin)	당뇨병	대장균
	인간성장호르몬(Human growth hormone)	소인병	대장균
	릴랙신(Relaxin)	출산	대장균
성장인자	GCSF (Granulocyte colony stimulating factor)	호중구 감소증	대장균, 효모
	GMCSF(Granulocyte- macrophage stumulating factor)	골수억제로 의한 면역기능 저하	대장균, 효모
	EGF(Epidermal growth factor)	화상, 궤양	대장균
사이토카인	α 인터페론(alpha- interferon)	암, 간염	대장균, 효모
	β 인터페론(beta- interferon)	다발성 경화증	대장균
	인터루킨2(Interleukin- 2)	신장암	대장균
	종양괴사인자(Tumor necrosis factor)	종양	대장균
혈액단백질	TPA(Tissue plasminogen activatior)	심장병	동물세포
	Prourokinase	심장병	대장균, 효모
	Factor VIII	혈우병	동물세포
효소	DNase	낭포성섬유증	동물세포
	SOD(Superoxide dismutase)	활성산소에 의한 암, 노화 촉진	효모
항체	단일클론항체(Monoclonal antibody)	암, 이식거부반응	동물세포
	오소크론(Orthoclone)	이식거부반응	마우스세포
백신	B형 간염 백신(Hepatitis B vaccine)	B형 간염 바이러스	효모

용한 단백질을 많은 양으로 얻고 그것을 산업화하는 데에는 적잖은 어려움이 있었다. 하지만 이 같은 문제점은 재조합단백질 생산기술이 개발됨으로써 해결방법이 제시되었다.

재조합단백질을 생산하는 원리도 모든 생명체의 생명현상이 조절되는 원리와 같다. 즉, 직접 단백질을 만드는 것이 아니라, 그 단백질에 대한 유전자를 인위적으로 조작하여 mRNA를 거쳐 단백질이 생산되

도록 한다. 이 같은 재조합단백질생산기술 방법에 의한 단백질생산
은 현대 생명공학산업의 커다란 축을 이루고 있다. DNA 재조합기술
을 통해 유전정보 해독을 인위적으로 강하게 유도하여 많은 양의 단
백질을 생산하듯, 그 생산을 조절할 수도 있게 되었다. 재조합기술을
통한 단백질생산은 박테리아와 효모 같은 미생물은 물론이고 곤충세
포 심지어는 소와 양 같은 동물이나 식물을 이용하여 시행할 수 있
다. 단백질을 인위적으로 생산하는 데 이용되는 이들 세포나 생명체
들은 생체 단백질생산공장으로 이용할 수 있게 된다.

재조합단백질생산을 위해서는 먼저 산업적으로나 의약적으로 유용
한 대상 단백질을 발굴하고, 유전자를 확보해야 한다. 기존에 그 유

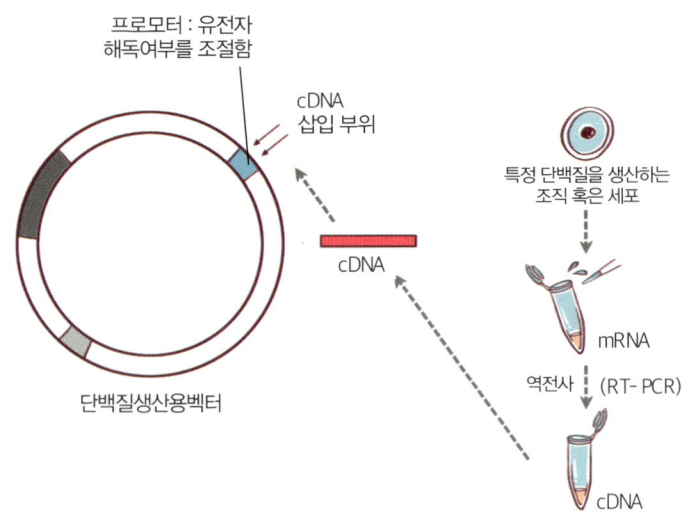

cDNA 제조와 단백질 생산용 벡터

전자가 확보되어 있지 않은 경우, 앞서 설명한 대로 관심 있는 유전자가 들어있는 재조합벡터를 제조한다. 단백질에 대한 유전자를 확보하기 위해서는 일반적인 DNA가 아닌 합성된 DNA즉, cDNA(com-plementary DNA)를 사용한다. 세포 혹은 조직으로부터 분리한 mRNA를 역전사효소(reverse transcrip-tase)라는 효소를 사용하여 DNA를 만들고 이것을 다시 DNA중합효소를 이용하여 만든 것이 cDNA이다.

재조합단백질생산을 위해서는 먼저 대상 단백질을 발굴하고, 유전자를 확보해야 한다.

이같이 단백질을 생산하기 위해서 염색체 속에 들어 있는 형태의 게놈의 DNA(지노믹 DNA)가 아닌 cDNA를 사용하는 이유는 염색체 속의 유전자의 DNA에는 단백질을 만드는 데 필요한 아미노산에 대한 정보를 제공하는 부위 이외에 부수적인 DNA가 끼워져 있기 때문이다. 인트론이라 부르기도 하는 이 DNA부위는 전사과정에 의해 mRNA가 만들어진 후 단백질을 만드는 데 이용되기 전 단계에서 제거되어 단백질에 대한 함축된 정보만을 가지는 형태로 변화된 후 단백질생산에 이용된다. 따라서 단백질을 인위적으로 생산하기 위해서는 cDNA를 합성하여 단백질생산용 벡터에 삽입하여 이용하여야 한다.

단백질생산에 이용되는 벡터에는 일반적인 벡터 형태와는 달리 mRNA생산을 유도하는데 필요한 DNA 부위인 '프로모터'가 존재한다. 단백질생산을 위해 사용할 세포 혹은 생명체에 따라 그에 맞는 프로모터를 사용하여야 mRNA와 단백질이 생성될 수 있기 때문에 그에 맞는 벡터를 선택하여 이용해야만 한다. 이들 벡터에 들어있는 프로모터는 보통 염색체 내에서 특정유전자의 전사를 유도하는 자연 상태의 원래 프로모터보다 강력하기 때문에 만들어지는 mRNA양도 많고, 그에 따라 단백질도 많아진다. 또한 염색체 속에 있는 본래의 유전자 프로모터는 세포가 처한 환경에 의해 정보가 선택적으로 해독되지만, 단백질 발현용 벡터에 들어있는 프로모터는 인공적으로 유전자 발현을 조절할 수 있기 때문에 매우 유용하다. 단백질에 대한 함축된 정보를 가지는 cDNA를 벡터의 프로모터 뒤에 삽입하여 만든 재조합벡터가 완성되면, 단백질생산에 필요한 공장의 중요 부품은 마련된 셈이다. 준비된 벡터를 여러 가지 방법을 통해 세포 혹은 생명체에 집어넣어 형질이 전환된 세포 혹은 동식물 등을 만들 수 있다. 이같이 유용한 단백질을 많이 생산할 수 있는 형질전환 세포 및 생명체는 생체단백질공장으로 이용할 수 있다.

단백질 생산공장은 어떤 것들이 있을까?

가장 간단한 형태로 단백질을 생산하는 데 이용될 수 있는 공장은 대장균 공장이다. 앞서 설명한 대로 대장균은 쉽게 기를 수 있고 빨리 자라기 때문에, 저렴하게 많은 양의 단백질을 손쉽게 얻을 수 있다. 따라서 어떤 단백질을 대량 생산하고자 할 때 우선적으로 시도해 보

생명공학 더 깊이
들여다보기

는 방법이 바로 대장균이다. 대장균을 이용해 단백질을 생산할 경우 종종 전체 세포 단백질의 20~30퍼센트를 차지할 정도로 많은 양이 만들어질 수 있다. 당뇨병 치료제로 흔히 쓰이는 인슐린의 경우, 이 같은 방법을 이용하여 대장균을 300 세제곱미터 정도만 배양하면, 돼지 25만 마리의 췌장에서 얻을 수 있는 양의 인슐린을 얻을 수 있다. 이는 300만 명의 당뇨병환자의 1회 투여분에 해당하는 인슐린 4.5 킬로그램의 양에 해당한다.

이처럼 대장균을 이용한 단백질생산방법은 매우 유용하고 효율적이지만 불행하게도, 많은 경우 사람이나 동물과 같은 고등생명체를 이용해서 만든 단백질과는 달리 제대로 기능을 하지 않는 경우가 많다. 그 이유는 유전자발현을 통해 만들어지는 단백질은 실제 기능을 수행하는 형태가 되기 위해 필요한 단백질의 접힘(folding)과 변형(modification)이 되지 않기 때문이다. 대장균과 같은 박테리아에는 사람과 같은 고등생명체에 존재하는 단백질을 올바르게 접고 변형시키는 장치가 존재하지 않는 경우가 많다. 따라서, 박테리아에서 생성된 단백질들은 많은 양으로 만들어지더라도 기능을 하지 못하는 쓸모없는 형태의 단백질일 가능성이 높다. 따라서 그 경우 곤충이나 동물세포, 혹은 다른 생명체를 이용하여 단백질을 생산해야 한다. 하지만 이 경우에는 단백질을 생산하는 방법이 상대적으로 어렵고, 비용이 많이 들며 만들어지는 단백질의 양도 적다는 단점이 있다. 세포가 아닌 동식물을 형질전환시켜 단백질생산공장으로 이용하면, 세포를 이용한 경우보다 기능을 수행하는 좋은 단백질을 지속적으로 생산할 수 있다. 혈액응고인자, 단백질항암제 등 많은 유용한 단백질들이 형질전환 동물을 이용해 생산된 바 있다. 특히 이렇게 만들어진 단백질들이 유방세포들에서 만들어지도록 인위적으로 조작하면, 우유를 통해 만들어진 단백질이 나오도록 할 수도 있다. 이 경우 단백질을 세포로부터 얻기 위해 동물을 죽일 필요도 없이 지속적으로 많은 양의 단백질을 얻을 수 있어 매우 효율적이고 경제적이다.

또한 대장균 혹은 이스트 등을 이용하여 생산하는 방법과 달리 동물을 이용할 경우 단백질의 접힘과 변형이 용이해져 기능성을 가지는 단백질을 만들 수 있다. 염소, 젖소, 돼지 등 다양한 동물들을 형질전환에 사용하여 단백질생산공장으로 이용한다.

형질전환동물을 만드는 것도 형질전환세포를 만드는 것과 기본적인 원리는 같다고 하겠다. 우선 생산할 단백질에 대한 유전자를 이용할 동물에서 전사를 일으킬 수 있는 적합한 프로모터를 가지는 벡터에 집어넣어 단백질 발현용 재조합벡터를 제조해야 한다. 이 경우 삽입할 유전자는 프로모터 뒤에 있는 제한효소 부위를 이용하여 삽입해 넣는다. 유전자적중 방법에서 이미 설명했듯이 형질전환동물 생산을 위해 만들어진 벡터를 동물에 주입할 때, 동물세포에 일일이 집어넣을 수는 없고, 배아단계에서 실시하는데, 수정된 동물의 난자에 미세

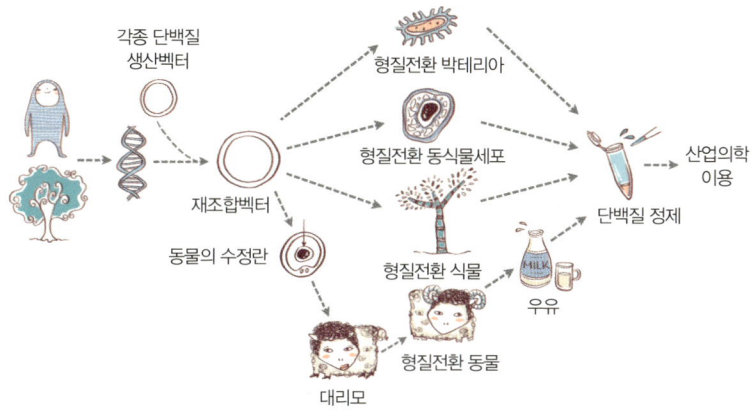

각종 단백질
생산벡터

형질전환 박테리아

형질전환 동식물세포

재조합벡터

산업의학
이용

단백질 정제

동물의 수정란

형질전환 식물

우유

형질전환 동물

대리모

각종 숙주를 이용한 유용 단백질 생산

관을 이용하여 주입하는 방법을 사용한다. 난자에 들어간 벡터의 유전자가 염색체에 삽입된 경우, 그 난자를 대리모의 자궁에 이식하여 새끼가 태어나도록 하는 것이다. 이같이 형질전환 동물이 만들어지면, 교배를 통하여 유용한 동물을 생산해 단백질생산공장으로 이용하는 것이다.

마지막으로 형질전환 식물을 이용한 재조합단백질 생산방법을 살펴보자. 이 경우에도 다른 경우와 마찬가지로 식물세포에서 전사가 일어날 수 있도록 해주는 적합한 벡터를 사용하여 발생초기의 식물에 주입하는 방법을 사용한다. 하지만 벡터가 식물세포에 잘 들어가지 않는 경우가 있는데, 이 때에는 식물을 감염시킬 수 있는 토양 속 박테리아를 이용하여 유전자를 전달하는 방법을 사용하기도 한다. 예를 들어 '아그로박테리아' 라는 병원균은 식물체의 뿌리 혹은 줄기에 '크라운 갈(crown gall)' 이라는 비정상적인 혹을 형성시킬 수 있다. 자신의 유전자를 식물에 옮길 수 있는 능력을 가지고 있는 것이다. 이 같은 성질을 이용하여, 단백질생산에 이용될 유전자를 아그로박테리아의 DNA를 벡터로 이용하여 관심있는 단백질의 유전자를 삽입한 후 식물체를 감염시켜 원하는 유전자를 식물에 전달하는 방법을 이용하여 단백질을 생산할 수 있다. 구체적으로는 단백질정보를 가지는 유전자를 아그로박테리아의 식물감염과 관련되는 DNA를 가

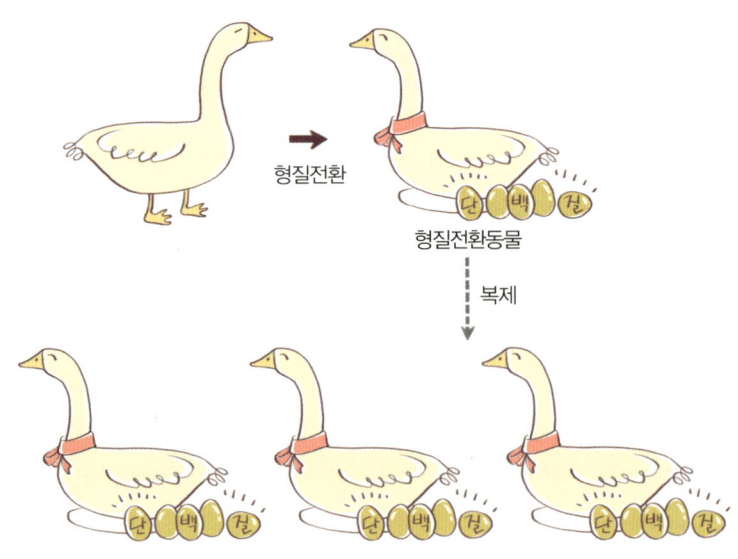

형질전환동물 복제는 황금알을 낳는 양계장 만드는 것과 같은 사업이다.

생명공학 더 깊이
들여다보기

지고 있는 벡터에 집어넣어 재조합벡터를 제조하고, 그것을 발생초기의 식물세포에 이식한 후, 식물로 자라게 하면 삽입된 유전자로부터 우리가 원하는 유용 단백질을 생산할 수 있다.

형질전환세포를 만드는 것에 비해 형질전환 동식물을 만드는 것은 매우 힘들 뿐만 아니라, 적절한 기술과 설비가 잘 구비된 곳에서만 가능하다는 제한이 있다. 하지만 이 같은 어려움에도 불구하고, 형질전환 동식물 단백질생산공장은 만들어지기만 하면 고부가가치를 지닌 단백질을 지속적으로 이용할 수 있기 때문에 부가가치 면에서 황금알을 낳는 닭에 비교할 수 있는 것이다.

특명!
슈퍼단백질 생산

재조합기술을 이용하여 유용한 단백질들을 많이 만드는 것은 매우 중요한 기술이다. 하지만 이에 못지않게 중요한 생명공학 기술은 기능이 향상된 형태의 단백질, 즉 슈퍼단백질을 생산하는 것이다. 적은 양으로도 뛰어난 기능을 수행하는 슈퍼단백질은 부가가치가 매우 높은 단백질이다. 이 같은 기능성이 뛰어난 단백질은 이미 만들어진 단백질에 어떤 조작을 가하여 기능성을 증진시켜 만드는 경우도 있다. 하지만 대부분의 경우 생명현상의 근본인 유전정보 해독의 원리를 이용한다. 즉, 단백질 발현벡터에 들어있는 단백질 정보를 지니는 cDNA를 변화시켜서 진보된 단백질을 생산한다. 이 경우 변화된 정보를 지니는 cDNA의 정보가 세포나 생명체 내에서 해독되면, 구조나 성격이 바뀐 변화된 단백질이 만들어지는 것이다. 다시 말해 슈퍼단백질생산은 유전자정보를 바꾸어서 그 정보가 해독되었을 때 기능이 향상된 형태로 단백질이 만들어지도록 하는 것이다. 이것이 '단

생명공학 더 깊이
들여다보기

백질공학'이다. 단백질공학을 위해서는 우선 관심 있는 자연상태의 단백질에 대한 기능과 구조에 대해 이해해야 한다. 천연단백질의 기본적인 성격을 규명하고 그 구조를 이해해야만 보다 기능이 증진된 슈퍼단백질을 고안하고 디자인할 수 있기 때문이다.

예를 들어 '인터페론알파'라는 간염치료제의 슈퍼단백질을 만들기 위해서는 어떻게 해야 할까? 먼저 이 단백질이 기능을 수행하는 주요 부위의 구조와 기능을 함께 생각하여, 그 부위의 아미노산을 변경하였을 때 기능성이 향상될 것으로 평가되는 형태로 단백질을 디자인해야 한다. 그런 다음, 유전자 DNA의 정보를 바꾸어 그 정보를 해독

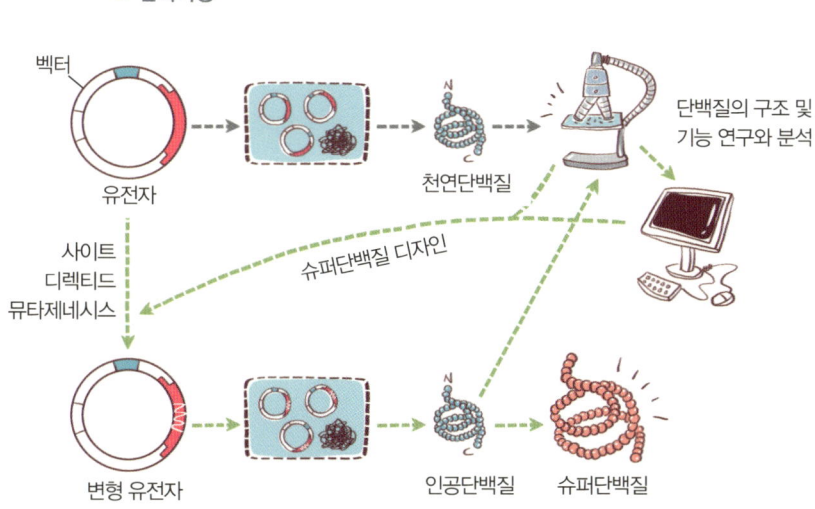

슈퍼단백질 디자인과 생산

시켰을 때 계획된 대로 아미노산이 변화된 단백질이 만들어지도록 하는 것이다. 유전자 수준에서 조작하기 때문에 단백질공학을 위해서는 유전자확보가 필수적이며, 이 유전자가 단백질을 만들어내는데 이용되는 프로모터를 지닌 벡터 속에 들어있어야 한다.

이 발현벡터에 들어있는 유전자를 디자인한 형태로 바꾸기 위해서 '사이트디릭티드뮤타제네시스'라는 특정 DNA의 염기서열을 바꾸는 방법이 종종 이용된다. 이 방법은 DNA의 특정한 염기서열이나 부위를 아주 특이성 있게 돌연변이시킬 수 있기 때문에 DNA의 염기서열을 바꾸어 아미노산이 달라진 단백질을 만드는 단백질공학 등에 유용하게 이용된다. 변화된 유전자를 가지고 있는 단백질생산용 벡터는 앞에서 언급한 것처럼 숙주인 세포나 특정생명체를 형질전환시켜서 단백질을 생산하여 정제한다. 이같이 만들어진 인공단백질의 기능과 구조를 비교 분석한 후 그 기능이 향상되면, 이를 슈퍼단백질로 산업화에 이용하게 되는 것이다. 만약 만들어진 단백질의 기능이 향상되지 않은 경우에는 다시 단백질을 디자인하고 인공단백질생산과정을 반복하는 등 슈퍼단백질을 만드는 과정을 반복할 수 있다.

생명공학 더 깊이
들여다보기

생활 속
생명공학을 찾아라

신약개발, 장기생산 등의 첨단기술들을 생각하면 생명공학은
일반인들과 별개로 느껴질지도 모르겠다. 하지만 우리 주위를 둘러
보면 생명공학의 기술로 이용되거나 만들어진 제품들을 흔하게 볼
수 있다. 실제로 생명공학은 오래전부터 우리 생활에 깊숙하게 자리
잡고 있는 것이다. 우리 주변의 생명공학 제품에는 어떤 것들이 있을
까?

김치부터 DHA 우유까지

김치, 젓갈, 맥주, 빵, 된장 등 우리가 일상적으로 소비하는 식품들의
상당수가 미생물을 이용한 전통 생명공학 제품이다. 또한 음식에 넣
어 먹는 조미료 등도 미생물 발효를 통해 얻어지는 생명공학 제품들
이 많다. 오늘날 유행하고 있는 수많은 기능성 음료와 식품들 역시 많
은 경우 생명공학 제품들이다. 기능성 식품은 원래의 식품에 특정한

기능을 부여하거나 증가시킨 식품으로, 영양성분이 강화되었거나 칼슘, 올리고당, 베타카로틴 등이 함유되어 있다. EPA와 DHA와 같은 불포화지방산을 첨가한 기능성 식품도 일반화되어 있으며, 비만 억제

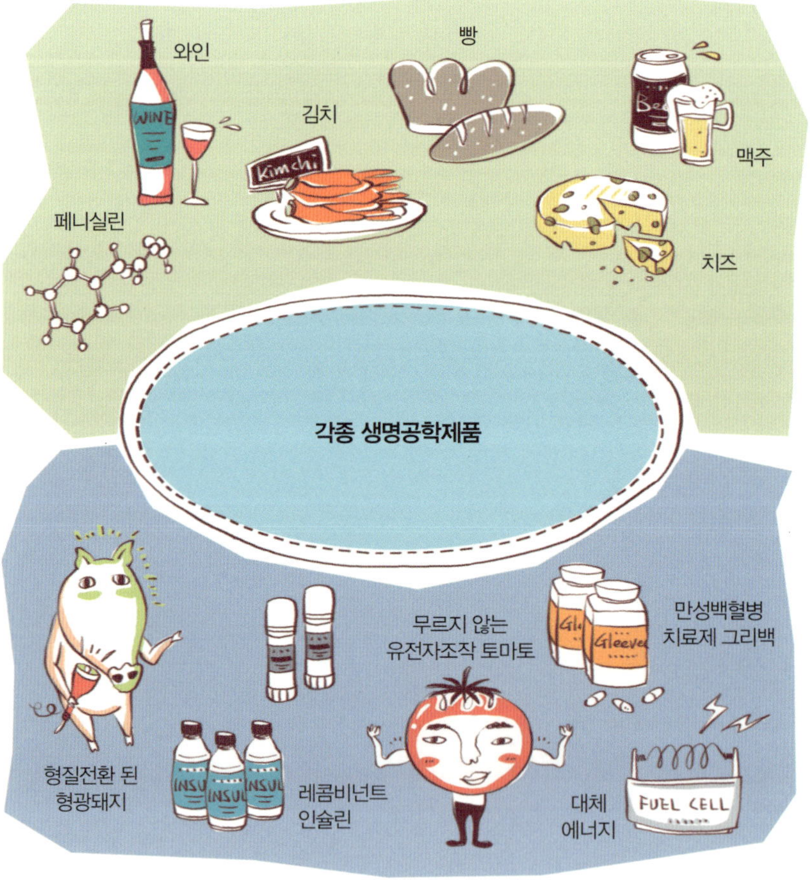

와인

빵

김치

Kimchi

맥주

페니실린

치즈

각종 생명공학제품

형질전환 된
형광돼지

레콤비넌트
인슐린

무르지 않는
유전자조작 토마토

대체
에너지

FUEL CELL

만성백혈병
치료제 그리백

1970년 이후 유전자재조합기술의 탄생으로 유전자변형 혹은 이용을 통해 생명공학제품을 개발하는 새로운 생명공학 시대가 열렸다.

생명공학 더 깊이
들여다보기

를 위한 지방흡수 억제물질이 포함된
기능성 식품들도 흔히 볼 수 있다.

또한 오늘날에는 유전자조작을 통해
생산되는 GMO(Genetically modified
organism) 작물들이 많이 등장했다.
콩이나 옥수수, 유채, 목화 등을 대표
적인 예로 생각할 수 있다. 유전자조
작작물은 주로 제초제에 대한 내성을 키
우거나 혹은 살충성을 부여하기 위한 것이 대부분이다. 특정 영양을
강화하기 위해 쓰인 경우도 있다. 하지만 유전자조작작물은 주로 가
축사료나 수출용으로 사용하고 있으며, 아직까지 사람들이 소비하는
경우는 적은 편이다.

용어팁

EPA와 DHA
불포화 지방산의 일종으로 고등어,
꽁치 등 등푸른 생선에 많이 들어있
다. 주로 콜레스테롤 개선을 통한 심
장병억제, 면역능력강화, 동맥경화
증 진행억제, 학습능력 향상, 눈 보
호, 당뇨병발생 및 진행을 억제 하는
기능이 알려져 있다.

tip

백혈병 치료제 등의 의약품

오늘날 각종 질병의 치료에 이용되고 있는 많은 약들 역시 직간접적
으로 생명공학제품으로 봐도 큰 무리는 없을 것이다. 페니실린과 각
종 백신 등 전통적인 생명공학 방법이 이용되어 만들어진 수많은 약
들이 일상적으로 이용되고 있다. 또한 재조합방법에 의해 생산되는
인슐린이나, 성장호르몬, 혈액응고인자, 그리고 '노바티스사'의 만
성백혈병치료제인 글리벡, 각종 항체치료제 등 수많은 생명공학 유
래 약품들이 즐비하게 산업화되고 있다. 현재 치료가 불가능한 만성

질병들의 근본적인 해결방법도 줄기세포를 이용하는 기술 즉, 미래 생명공학의 발전에 달려있다 해도 과언이 아닐 것이다. 약 개발에서 뿐만 아니라 병을 진단하는 데 있어서도 생명공학은 중요한 역할을 한다. 과거에는 말할 것도 없이 오늘날에는 혈액 속에 존재하는 화학물질 등을 검출하여 환자를 진단하는 경우가 많다. 하지만 최근에는 DNA나 혹은 단백질들의 상태를 소변 혹은 가래 등에서 민감하게 감지하여 그것을 분자수준에서의 진단법으로 활용하고 있으며 그 이용도와 정확도는 점차 증가하고 있다.

다양한 기능성 화장품

얼마 전 '아름다움의 원천은 생명공학'이라는 제목의 기사가 국내한 일간지에 게재되었다. 피부노화, 탈모, 피부잡티, 비만 등 인간의 욕망인 아름다움에 방해가 되는 이러한 요인들을 해결해 줄 약품이나 화장품의 개발 역시 모두 생명공학의 발전에 달려있다는 설명이었다. '로레알' 같은 세계적인 회사는 물론 우리나라의 화장품 관련회사들도 앞다투어 생명공학관련 연구소를 운영하고 신제품 개발에 앞장서고 있다. 1982년 효모에 의해 분비되는 물질을 보습화장품으로 개발한 것이 대표적인 예이다. 뿐만 아니라 항산화제 배합화장품과 먹는 화장품에 이르기까지 다양한 생명공학 화장품이 출시되고 있다.

생명공학 더 깊이
들여다보기

유전자 감식을 통한 법의학

생명공학은 '법의학'이라는 분야에 이용되기도 한다. 개개인 혹은 가족이 특이적으로 가지고 있는 DNA를 구분함으로써 친자를 감별하거나, 범인을 찾아내는 방법이 일반화되어 있다. 학생들은 기억하지 못하겠지만, 오래전 미국의 유명한 흑인 미식축구 선수인 오제이 심슨의 살인 혐의를 입증하기 위해 '유전자지문감식법'이 이용된 적이 있는데 이는 매우 유명한 사건이었다. 수사물을 다룬 드라마나 영화에서도 이런 장면은 종종 볼 수 있을 것이다.

원숭이와 사람의 유전자의 염기서열은 97퍼센트가 같고, 사람 간의 염기서열은 거의 대부분이 같다. 하지만 0.2퍼센트 정도의 염기는 사람에 따라 다른데, 바로 이 염기서열을 분석하여 차이를 밝히는 방법을 이용한 것이다. 이를 위해 DNA 증폭 방법인 PCR을 이용한다. 이 같은 유전자지문감식방법은 사람 간의 차이를 구분해 내는데 있어서 비교적 정확성이 높다.

특정 민족과 집단에서는 경우에 따라서 약간 달라질 수 있으나, 실제 동일인이 아닌데 우연히 DNA가 일치할 확률은 100만 명 중의 1명 정도로 매우 낮기 때문에 신뢰성이 높은 분자수준에서의 환자진단, 친자감별, 범인감식 등에 사용되고 있다. 오늘날에는 수입농수산물들이 봇물을 이루고 있는데, 이 수입물품들을 구별하기란 쉽지가 않다. 이 같은 농수산물의 원산지 구분에도 유전자감식 방법이 사용될 수 있다. 최근 식품의약안전청에서는 유전자지문감식법을 이용하여

한우를 감별하는 방법을 개발해 특허출원하고, 실생활에 적용을 서두르고 있다.

환경문제 해결과 대체에너지 개발

1989년 미국 알래스카에서 원유유출 사건이 발생했다. 초대형 '엑손 발데즈호'의 원유유출 사고로 바다와 인근 연안이 심하게 오염되었으며 이 사건은 전 세계인들에게 충격을 주었다. 오랜 시간이 흐른 오늘날에도 사람들은 이 사건을 기억한다. 이 글을 쓰고 있던 2007년 말 충격적인 사고 소식을 듣게 됐다. 우리나라 서해안에서 원유 유출 사건이 발생한 것이다. 1만 톤이 넘는 엄청난 기름이 유출되어 환경적 재앙이 염려되고 있는 상황이다. 근본적인 해결방법은 아니지만, 기름방제에 생명공학제품이 활용되었다. 알래스카에서의 기름유출 사고 당시 미생물이 생산한 '바이오유화제'가 오염된 기름을 제거하는 데 효과적으로 사용되었으며, 서해안 기름 유출사고에서도 기름 방제를 위해 유사한 방법이 일부 이용된 것이다.

뿐만 아니라 가정에서 배출되는 음식물 쓰레기를 포함한 각종 폐기물에 의한 환경오염 문제를 해결할 수 있는 실마리 역시 미생물 등을 이용한 생명공학 기술의 발전에 달려있다고 생각해도 과언이 아닐 것이다. 플라스틱은 인류에게 가히 혁명적인 변화를 가져온 신물질로 오랫동안 사랑을 받아왔다. 하지만 오랜 기간 동안 썩거나 분해되지 않는 플라스틱의 성격은 엄청난 환경적 파괴를 가져왔다. 이 같은

생명공학 더 깊이
들여다보기

문제점을 해결하기 위해 플라스틱 대체품 개발에 주력하고 있으며 미생물의 작용에 의해 무기물로 분해될 수 있는 플라스틱은 환경문제에 대한 해결책의 하나로 등장하고 있다.

오늘날 우리는 에너지 없이는 하루도 살 수 없는 세상에 살고 있다. 하지만, 우리가 살고 있는 지구의 중요한 에너지원인 석탄 석유와 같은 화석연료들은 머지 않아 고갈될 수밖에 없다. 따라서 사람들은 끊임없이 대체에너지에 관심을 기울이고 있다. 특히 오늘날과 같은 고유가 시대에는 대체에너지의 개발이 절실히 필요하다. 현재 옥수수 같은 식물자원을 미생물로 발효시켜 에탄올을 생산하는 방법이 실현되고 있다. 이는 식물재배를 통해 지속적으로 생산할 수 있는 재생 가능한 에너지 생산방법의 하나이다.

동전의 양면 유전자조작식품

유전자를 조작하여 만든 생명체로부터 얻은 식품을 '유전자조작식품'이라고 한다. 미국이나 유럽 등에서는 '프랑켄슈타인 식품'이라고도 부른다. 프랑켄슈타인은 영국의 소설가인 메리 셸리가 1818년에 쓴 책의 제목으로 영화화되어 유명한 공포영화의 대명사로 자리매김했다. 생명의 비밀을 밝힌 프랑켄슈타인 남작이 시체에 생명을 불어 넣어 인조인간 괴물을 만들었는데 결국 자신이 만든 괴물에게 죽임을 당하는 내용이다.

그렇다면 왜 유전자조작식품이 무시무시한 프랑켄슈타인 식품으로 불리는 것일까? 그것은 바로 유전자조작식품이 인간에게 해를 끼칠 수도 있다는 우려 때문이다. 생산된 유전자조작생명체로 만든 식품은 인류식량문제를 해결하고 유용한 기능성 물질을 생산하는 등 사람들의 삶에 크게 기여하지만, 인간에게 커다란 재앙을 초래할 수 있음에 대한 일종의 경고인 것이다.

이들 프랑켄슈타인 식품들은 지금 당장에는 문제를 일으키지 않는다 하더라도, 미래에 인간에게 어떤 해를 가져올지에 대한 안전성이 아직 입증되지 않았다. 그래서 소비자 단체들은 약간의 과학적인 근거를 바탕으로 끊임없이 문제를 제시하고 있다. 또한 식품생산을 위해 만들어진 유전자변형생명체가 자연계에 방출되었을 때 환경과 생태계에 어떤 위험을 초래할지에 대한 문제 역시 많은 염려를 가져온다.

생명공학 더 깊이
들여다보기

오제이 심슨 살인 사건에 대한 단서를 제공한 유전자지문감식

1994년 6월 미국의 유명한 흑인 미식축구이자 영화배우로 활약했던 오제이 심슨이 전 부인이었던 니콜 브라운과 그녀의 애인을 살해한 혐의로 로스앤젤레스 경찰에 체포되었다. 체포 당시 달아나던 심슨을 추격하던 경찰의 모습이 중계될 정도로 일반인들의 관심은 대단했다.

경찰은 사건의 중요성 때문에 살인혐의를 입증하는 일반적인 자료 외에 당시에는 크게 일상화되지 않았던 유전자지문감식법을 이용한 결과를 추가로 제출하였다. 유전자지문감식 결과 살해장소에서 발견된 범인의 혈액의 유전자지문이 심슨의 유전자지문과 동일한 것으로 밝혀졌고, 심슨의 혐의는 확정적인 것처럼 보였다. 하지만 1995년 10월 2일 '인종차별적인 살인죄조작' 이라는 논리를 들어 흑인이 2/3를 차지하였던 배심원단들은 만장일치로 심슨의 무죄를 선고하였고, 심슨은 자유의 몸이 되었다. 당시 판결은 돈에 매수된 변호사와 미국 배심원 제도의 허점이 만들어낸 사건으로 기억되고 있으며, 그 진실여부를 떠나 '유전무죄' 라는 생각을 일반인들에게 갖게 하였다. 이 사건을 해결하기 위해 사용된 유전자지문감식 방법은 오늘날 범인을 찾거나 혹은 친자 감별, 사체신원확인 등에 널리 쓰이고 있다.

Let's Go!
world
SCH ..L·TRAVEL
My Dream

미래 생명공학자들의
도전과제

야심찬 미래
바이오 비전 2016

재조합단백질생산 그리고 단백질공학 기술개발은 물론 이 외에도 다양한 종류의 유망 생명공학 분야들이 즐비하다. 이처럼 다양한 생명공학의 분야 중에서 어떤 분야가 미래에 유망할까? 이를 위해서, 먼저 생명공학 관련 산업의 규모를 살펴볼 필요가 있다. 생명공학산업 규모를 살펴보면 앞에서 본 것처럼 의약, 환경, 식품, 에너지, 농업, 공정 등 다양한 산업 분야를 들 수 있는데 이 중에서 규모가 가장 큰 것은 단연 의약품 산업이다. 또한 이 같은 추세는 미래에도 지속될 전망이다. 따라서 줄기세포를 이용하여 난치병을 치료하거나, 노화를 억제하여 생명을 연장하는 것은 물론, 퇴행성 뇌질환을 연구하는 뇌신경과학의 발전과 간편하고 정확한 진단법 개발 등 의약학과 관련된 생명공학 분야는 매우 유망하다 하겠다. 이와 더불어 동물복제, 식량, 환경, 에너지 관련 분야 역시 생명공학이 활용되는 중요한 분야라고 할 수 있다. 농축산 분야에서 생명공학은 식량문제를 해결하고 유용한 물질을 생산

미래생명공학자들의
도전 과제

세계 바이오 시장 규모(생명 공학 주요 응용 분야별 시장 현황과 전망)

구분	1997년	2000년	2003년	2008년	2013년
생물의약	188	324	444	688	1155
생물화학	22	38	52	100	168
생물환경	18	32	44	87	147
바이오 식품	16	27	37	75	126
바이오 에너지 및 자원	6	11	15	37	63
생물농업 및 해양	26	27	37	75	126
생물공정 및 측정시스템	47	81	111	188	315
총계	313	540	740	1250	2100

(자료 : 생물/의약 산업의 발전 전략_산업연구원 / 단위: 억불)

하는 동식물복제를 가능하게 하여 황금알을 낳는 거위 혹은 식물이 가득 찬 농장을 마련할 수 있는 꿈을 실현해 줄 수 있을 것이다(126쪽 참조). 흔히들 생명공학은 인류의 미래를 이끌어 갈 중요한 학문기술 분야라고 이야기한다. 특히 우주 전자 컴퓨터 산업 못지않은 미래산업으로 많은 경제적인 부가가치를 창출할 수 있는 분야다. 앞서 언급한 대로 해외 선진국들은 물론 우리나라도 생명공학을 '차세대 성장동력 산업'으로 선정하고 연평균 5,000억 원 이상의 연구비를 투입하여 미래의 고부가가치 산업으로 육성하고 있다. 생명공학 분야의 영향력과 발전 가능성은 전 세계적

용어 팁

바이오비전 2016
과학기술부가 2006년 제2차 생명공학육성을 목적으로 마련하여 2007년부터 시행하고 있는 계획이다. 2016년까지는 생명공학 분야에 총 14조 2,881억 원을 투입해, 60조 원 규모의 BT시장을 창출하겠다는 의지를 보여 줄기세포 파문 이후로 위축된 생명공학산업에 활로를 열어줄 것으로 기대된다.

으로 꾸준히 증가되어 왔으며, 우리나라의 경우에도 2013년 이후에는 극적으로 증가될 것으로 전망된다. 특히 생명공학은 정보통신 및 각종 제조업을 포함한 다른 산업에 비해서도, 성장 기대치가 가장 높은 분야로 예견되고 있다. 이 같은 기대에 부응하여, 우리나라는 10년 안에 세계 7대 바이오 강국으로 진입한다는 '바이오비전 2016계획'을 추진하여 야심찬 미래를 준비하고 있다. 자, 지금부터 미래의 바이오 산업을 이끌어 갈 중요한 생명공학산업을 살펴보기로 하자.

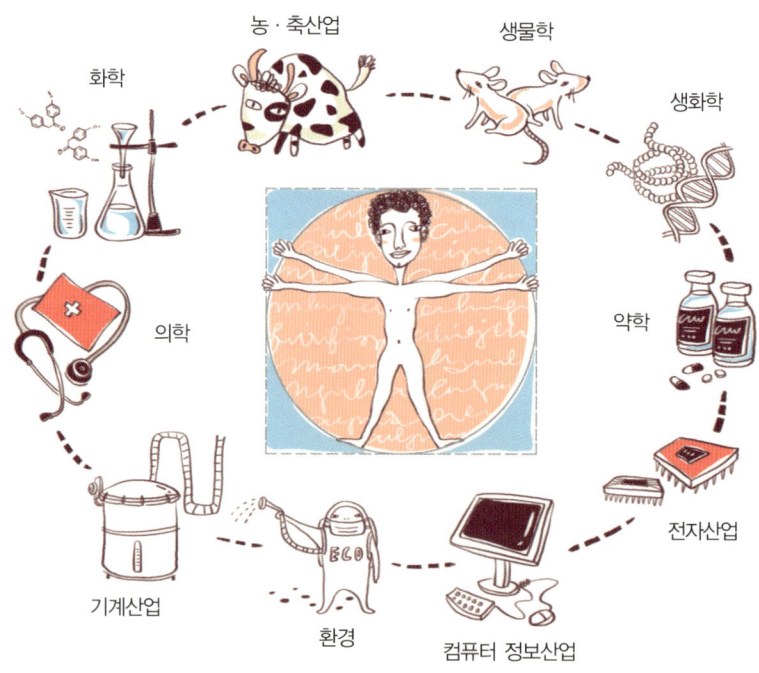

생명공학은 미래의 고부가가치 산업으로, 생물학, 화학, 생화학, 약학, 농학, 공학 등과 직접적으로 관련이 있으며, 인류의 건강, 각종 산업, 농.축산업, 환경 등을 포함한 다양한 분야에 적용되고 있다.

미래생명공학자들의
도전 과제

신의 영역에 도전하는 동물복제

1996년 영국의 로슬린 연구소에서 이안 윌버트 박사와 케이스 캠벨 박사팀에 의해 돌리라는 복제양이 탄생되었다는 언론의 보도는 생명공학계에 커다란 충격을 불러일으켰다. 그들이 돌리를 복제하기 이전에 동물복제가 없었던 것은 아니었다. 그렇다면 무엇이 돌리를 그토록 유명하게 만들었을까?

돌리 이전의 복제기술은 우리가 주변에서 볼 수 있는 일란성 쌍둥이 생성원리와 같은 방법에 의한 것이었다. 반면, 돌리는 수정을 통하지 않고, '체세포복제'라는 진정한 의미의 복제 방법에 의해 만들어졌다. 다시 말해 돌리 이전의 복제 방법은 암수의 정상적인 수정에 의해서 만들어진 수정란이 2, 4, 8, 16의 형태로 분할될 때 만들어지는 분할소구(발생 단계에서 만들어지는 작은 구와 같은 배아) 중 하나를 끄집어내어 핵이 제거된 난자에 집어넣은 후 그 난자를 다시 착상시켜 동물을 발생시키는 방법을 사용했던 것이다. 이 방법은 생체 내에서

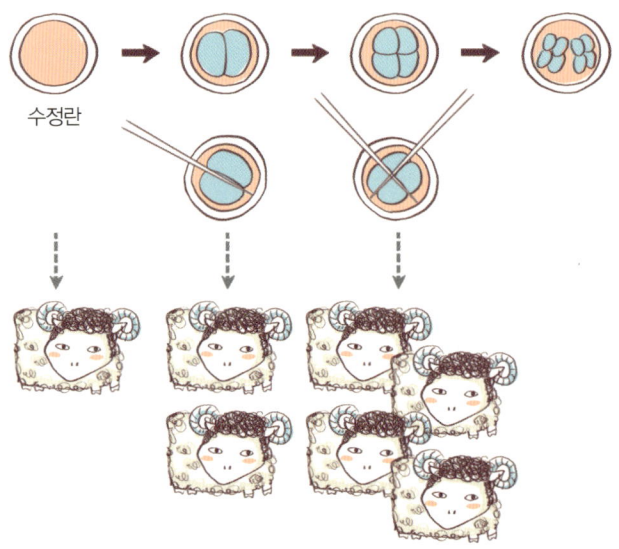

배아이식을 통한 동물복제 수정란은 작은 구(분할소구)의 형태로 분열하는데, 이 분할소구는 수정란처럼 생명체 전체에 대한 정보를 가지고 있기 때문에 이들을 채취하여 독립적으로 발생시키면 복제된 동물을 만들 수 있다. 이 원리는 일란성 쌍둥이가 만들어지는 원리와 같다. (체세포복제방법의 원리는 64쪽의 그림 참조함)

어떤 오류에 의해 생김새나 지능 등 모든 것이 유사한 일란성 쌍둥이가 만들어지는 것과 같은 원리로 배아이식으로 볼 수 있다. 하지만 돌리는 그 같은 암수의 수정에 의한 방법이 아니라, 성장한 양의 체세포의 핵을 이용한 것이다. 즉, 그 핵에 있는 유전정보만으로 동물을 복제한 혁신적인 방법이었고, 돌리가 바로 이 체세포복제방법에 의해 탄생된 최초의 동물이었던 것이다.

그렇다면 체세포복제방법은 어떤 것인지 보다 자세히 살펴보자. 체세포복제를 하기 위해서는 먼저 복제하고자 하는 동물의 세포를 배

미래생명공학자들의
도전 과제

양한 후 핵을 추출해야 한다. 그리고 원래의 핵을 인위적으로 제거한 같은 생명체의 난자에 그 핵을 주입한다. 이와 같은 방법으로 핵이 치환된 난자를 대리모 격인 동물의 자궁에 이식하여 동물을 복제하는 것이다. 즉, 체세포복제를 하기 위해서는 반드시 같은 생명체의 난자와 대리모라는 환경이 필요하다. 돌리 이전에도 과학자들이 체세포복제를 시도하였으나, 성공하지 못했다. 돌리는 치환시킬 핵을 제공하는 세포를 준비할 때 배지를 조절하여 세포주기 상태를 복제에 적합한 상황으로 만들어 줌으로써 연구가 성공한 것으로 알려지고 있다. 돌리 이후 체세포복제방법은 엄청나게 활기를 띠었다. 미국

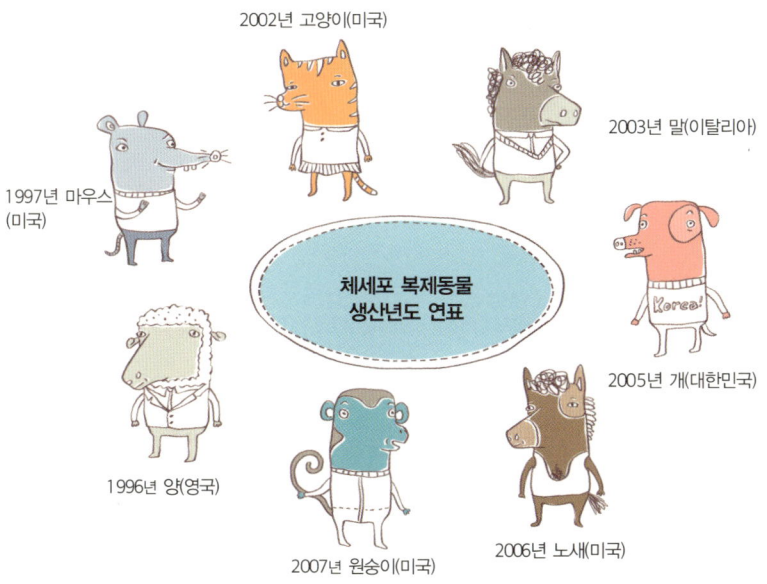

2002년 고양이(미국)

2003년 말(이탈리아)

1997년 마우스
(미국)

체세포 복제동물
생산년도 연표

2005년 개(대한민국)

1996년 양(영국)

2007년 원숭이(미국)

2006년 노새(미국)

체세포복제 방법에 의한 동물복제 역사

의 연구자들은 1997년에 쥐를, 2002년에 고양이를 이와 같은 방법으로 복제하였으며, 이탈리아 연구팀은 2003년에 복제 말을 탄생시켰다. 또한 2005년에 우리나라에서 개가 복제되어 큰 화제를 낳았다. 미국의 한 연구팀은 2006년에 암말과 수탕나귀 사이에서만 태어날 수 있고, 생식능력이 없는 것으로 알려진 노새를 복제하여 체세포복제의 의미를 더욱 실감나게 해주었다. 체세포 동물 복제기술은 빠르게 발전하고 있다. 2007년 11월 12일 영국의 〈인디펜던트지〉는 또 하나의 놀라운 결과를 발표했다. 미국영장류 연구센터 연구진이 체세포복제방법으로는 처음으로 영장류인 원숭이를 복제한 것이다. 원숭이 난자 304개를 사용하여 2마리를 복제하는 데 성공한 것으로, 그 성공률은 낮았지만 영장류복제 기술의 발전은 무엇보다 큰 의미를 제공한다. 왜냐하면 영장류복제 성공은 곧 사람을 복제할 수 있는 기술이 마련되어 있다는 것을 의미하기 때문이다. 이 같은 복제기술의 혁신적인 발전은 과거 상상 속에서만 가능했던 동물복제가 실용화될 수 있음을 말해주고 있다.

동물복제기술은 어떻게 활용되고 이용될 수 있을까? 동물복제는 의학 분야에 적용할 수 있는 다양한 가능성을 제공한다. 이러한 소재를 바탕으로 한 영화들도 많이 등장했다. 물론 영화에서처럼 사람을 복제하여 그 장기를 유전자를 제공한 환자에게 이식하는 것도 실험적으로 가능할지도 모른다. 하지만 오늘날 제시되는 윤리적인 문제로 영화 속의 장면들은 전혀 현실성이 없다고 하겠다.

미래생명공학자들의
도전 과제

그렇다면 어떤 방법으로 의학 분야에서 적용되는 것일까? 그것은 바로 사람이 아닌 동물의 장기를 이식하는 것이다. 돼지는 사람과 비슷한 크기의 심장을 가지고 있다. 이 점을 활용하여 돼지를 형질전환이나 유전자 조작을 통해 의학에 이용할 수 있는 형태로 생산한 후 이를 복제하여 환자에게 제공하는 방법 등이 시도되고 있다. 실용화에 이르기까지는 아직 극복해야 하는 문제점들이 많이 남아있지만, 치료 및 산업용 단백질을 생산하는 고부가가치의 동물이 형질전환 방법에 의해 만들어진다면 그것들을 복제하여 황금알을 낳는 거위농장을 만들 수 있을 것이다. 또한 사람의 줄기세포를 복제하여, 실제 의학용으로 이용할 수 있다는 가능성이 남아있다. 하지만, 배아줄기세포 연구의 경우 윤리적 차원에서 전 세계적으로 문제시되고 있기 때문에, 윤리적으로 문제가 되지 않는 형태의 연구개발에 관심이 집중되고 있다.

지식 TONG!

영화 『아일랜드』를 통해 본 인간복제

복제 기술의 발달은 인간복제에 대한 가능성을 제시하고 있다. 그래서일까? 비밀리에 인간복제가 진행되고 있다거나 이미 복제인간이 만들어졌다는 등의 루머가 끊임없이 떠돌고 있다. 그리고 그러한 바람과 인간의 상상력은 영화 속에서 다양한 모습으로 그려지고 있다.

이완 맥그리거와 스칼렛 요한슨이 주연으로 등장한 『아일랜드』라는 영화 역시 인간복제에 대한 상상과 그로 인해 다가올 수도 있는 상상하기도 싫은 인간 비극을 실감나게 표현했다.

치료용 장기를 필요로 하는 고객들에게 거액의 돈을 받고 복제인간 클론을 제조하여 제공하는 거대 조직. 복권에 당첨되듯 추첨에 의해 뽑히게 되면 희망의 땅 아일랜드로 갈 수 있다는 잔인한 속임수에 넘어가 아일랜드가 아닌 장기적출 장소로 옮겨지는 복제인간들. 고객에게 필요한 장기를 떼어낸 후 무참히 파기되어야 하는 복제인간의 모습은 영화를 보는 이들의 가슴을 섬뜩하게 만든다. 문제는 복제된 인간 역시 복제를 의뢰한 고객과 똑같은 생각을 가지고 행동하는 사람이라는 점이다. 일회용 복제인간들이 자신의 처지를 인식하며 겪게 되는 삶에 대한 처절한 이야기를 담은 이 영화는 복제인간에 대한 문제점과 인간존엄성 훼손에 대한 경각심을 높여준다.

미래생명공학자들의
도전 과제

하지만 이 영화에서 보여주는 복제와 관련된 장면 중 많은 부분들이 과학적으로는 이해하기 어렵다. 영화에서는 어떤 액체로 가득 차 있는 인큐베이터 속에서 복제인간이 탄생하고 있다. 복제인간을 탄생시키는 거대한 장소와 기계장치는 관람객에게 흥미를 주기에 충분한 형태이다. 하지만 앞에서도 언급했듯이 생명체가 태어나기 위해서는 난자와 대리모가 반드시 필요하다. 생명체가 태어날 수 있는 오묘한 수만 가지 조건이 맞는 상황에서 순차적인 과정을 거쳐야만 생명체가 만들어지기 때문이다. 따라서 인큐베이터와 같은 기계가 그 모든 조건을 맞추어 주는 것이 현실적으로 가능할지 의문이다.

이 같은 기술이 가능하다면, 앞서 불가능하다고 이야기했던 공룡복제도 결국 가능한 것이 되니 결국 현실성이 없다고 하겠다. 또한 만들어지는 복제인간이 태아가 아닌 성인의 모습으로 태어나고 있다. 태아가 만들어지기 위해서는 9개월이라는 기간이 필요하고 그 이후 성인이 될 때까지 수십 년이라는 기간이 걸린다. 물론 영화의 재미를 위해 과학적 내용을 담을 수도 없고 흥미로운 형태로 이야기를 전개시킬 수밖에 없겠지만, 성인의 모습을 한 복제인간을 그때그때 필요에 따라 단시간 내에 복제해 낸다는 것은 불가능한 일이다. 그것은 진정한 신의 영역일 뿐이다.

식품산업계의 혁명,
기능성식품과 GMO

21세기 식품산업계를 주도할 기능성식품

우리 부모님 시절에는 물론이고 내가 어렸을 때에도 먹을 것이 풍족하지 않았던 시기가 있었다. 미국으로부터 원조받은 옥수수 가루를 이용해서 만든 빵을 학교에서 나누어 줄 때가 마냥 기다려지던 시절. 어쩌다 어머니께서 계란이나 소시지를 도시락 반찬으로 싸주시면, 친구들이 몰려들어 함께 먹었던 기억이 난다. 학생들에게는 이것이 먼 옛날이야기처럼 들리겠지만 아직도 먹을 것이 부족해 어려움을 겪고 있는 나라가 많다.

그런 반면 많이 먹어도 살찌지 않는 다이어트에 관심을 갖고 사는 사람도 많다. 또한 어떤 음식을 먹어야 더 건강해지는지, 더 오래 살 수 있는지, 더 예뻐지는지 이른바 건강식품과 기능성식품에 대한 관심 역시 뜨겁다. 이러한 모두의 문제를 해결하는 방법은 없을까? 먹을 것이 부족한 사람들에게는 많은 먹거리를, 당뇨, 고혈압 등에 의한

미래생명공학자들의
도전 과제

합병증과 관련되어 21세기 제1의 사망원인으로 제시되고 있는 비만에서 자유롭고자 하는 사람들에게는 살이 찌지 않게 해주는 기능성식품을 제공해 줄 수 있는 문제를 푸는 열쇠 역시 생명공학에 달려 있다.

기능성음료수, 소화촉진 기능성식품, 콜레스테롤 저하 식품들이 소비자의 식탁에 오르고 있는 것이다.

일본은 기능성식품을 21세기의 식품 산업계를 주도할 품목으로 예시했다. 미국 역시 기능성식품 산업의 가능성에 대해 주목하고 있다. 현재 기능성식품과 관련하여 가장 호황을 누리고 있는 나라는 독일이다. 새로운 기능성 바이오 식품들이 거의 매일같이 쏟아져 나오고 있음에도 불구하고 넘쳐나는 수요를 감당하지 못해 전체의 60퍼센트를 외국에서 수입하고 있을 정도라고 한다.

독일인들의 대부분은 식품을 구입할 때 가장 먼저 가격을 고려한다. 하지만 기능성식품만큼은 예외다. 가격보다는 품질과 신뢰성을 고려해 구매하려는 경향이 짙게 나타나고 있다. 특히 건강을 중시하는 젊은 중산층을 중심으로 기능성식품의 구매가 활발하게 이루어지고 있다. 기능성음료수, 소화촉진 기능성식품, 콜레스테롤 저하 식품들이 소비자의 식탁에 오르고 있는 것이다. 우리나라에서도 이 같은 다양한 기능성 음료나 식품이 출시되었으며, 이에 대한 관심이 점차 증가하고 있다. 과학기술부에서도 생명공학과 관련된 기능성식품의 성분 및 재료와 관련된 연구 개발에 지원을 아끼지 않고 있다.

유전자조작 식품

1983년 '플레브 세브(flavr savr)'라는 오래 보관해도 잘 무르지 않는 유전자조작 토마토의 판매가 미국에서 승인되었다. 이후 우리는 유전자조작이 도입된 새로운 형태의 작물과 가축을 식량화하는 시대에 살게 되었다. 1988년에 형질전환된 콩과 벼가 만들어진 후 차례로 형질전환 옥수수와 밀이 생산되었다. 1993년에는 제초제에 저항성을 가진 콩이 '몬산토'라는 미국의 유명한 농업관련 회사에서 출시되었다. 또한 1995년에는 해충에 저항하는 목화 등이 다양하게 만들어지기 시작하였으며, 2000년에는 비타민이 강화된 황금 쌀이 만들어져 저개발국에 무상 지원되기도 하였다. 특히 2002년에는 벼에 대한 게놈프로젝트가 완료되어 과학 및 농업 분야의 발전에 크게 기여하고 있다. 이 외에도 염분이 많은 곳 혹은 추운 기후에서 자라는 형질전환된 작물들이 만들어져 생산량이 극대화되었다. 이 같은 작물들은 먹거리로 등장하기도 하였지만, 가축 등의 사료로 이용되고 있다.

앞서 이야기했던 것처럼 형질전환 동물을 만들어 유용 단백질을 생산하는 것뿐만 아니라, 면역강화 등 각종 생리활성 물질이 들어있는 식품으로 이용할 수 있는 동식물이 개발되고 있다. 이른바 GMO의 시대가 도래한 것이다. 하지만 먹거리로 이용되는 유전자조작 식품은 다른 어떤 분야보다도 우려의 목소리가 높다. GMO작물에 의해 생산된 식품을 섭취하였을 경우, 현재에는 문제가 발생되지 않더라도 나중에 인체에 어떠한 문제를 야기시킬지 모른다는 우려가 그대

로 남아있기 때문이다. 이에 유전자조작 제품에 대한 거부감이나 불매운동이 확산되고 있으며, 소비자가 식품을 알고 구입할 수 있도록 유전자변형식품임을 표시하는 것을 의무화하는 법 제정이 전 세계적으로 활발하게 이루어지고 있다. 우리나라도 유전자변형식품 표시제 법안이 통과되어 1999년 7월부터 시행되고 있다. 오늘날 바이오 식품 산업은 의약품과 유사한 형태로 분류하여 체계적으로 관리되고 있다.

지구를 지켜낼
바이오 에너지 개발

지구상에서 소비하는 연간 총에너지는 석유로 환산하면 110.2
억 톤이라는 엄청난 양에 해당된다. 에너지 수요는 끊임없이 증가하
고 있으며 우리나라와 같이 석유가 생산되지 않는 나라에서는 그 부
담이 실로 엄청나다. 매장된 석유의 양이 한정되어 있기 때문에 석유
가격은 끊임없이 오르고 있다. 바이오 에너지는 1, 2차 석유쇼크 이
후 많은 관심을 끌어오다 한동안 주춤하였으나 2008년 초 현재 국제
석유가격이 더욱 가파르게 상승하며 다시 관심을 끌고 있다. 2008년
1월 현재 석유가격은 갤론당 미화 100달러를 돌파하며 전 세계의 경
제 시스템을 흔들고 있다.

바이오 에너지는 석유 및 석탄과 같은 화석연료처럼 한 번 사용하면
없어지는 것과 달리 식물 재배를 통해 지속적으로 생산할 수 있는 재
생 가능한 에너지이다. 그렇다면 바이오 에너지에는 어떤 것들이 있
을까? 대표적 바이오 에너지인 바이오 연료는 바이오 에탄올과 바이

미래생명공학자들의
도전 과제

오 디젤로 나뉜다. 에탄올의 경우에는 옥수수, 사탕수수, 감자, 사탕무, 카사바, 그리고 볏짚 등의 농가부산물을 이용하여 생산할 수 있고, 디젤의 경우에는 유채, 해바라기, 콩 등을 이용하여 만들 수 있다. 바이오 연료는 자동차에 그대로 사용하거나 기존의 가솔린이나 경유에 혼합하여 사용할 수 있다. 바이오 에탄올은 토지가 넓고 곡물 생산량이 풍부한 미국, 브라질 및 중국에서 주로 생산되며, 바이오 디젤은 유럽을 주축으로 생산 및 이용되고 있다.

바이오 에너지는 미생물, 식물, 생물, 화학공학 등의 많은 분야가 함께 어우러져 발전되어야 한다. 현재 지구상에서 사용되는 바이오 에너지는 전체 에너지 사용량의 10퍼센트 정도를 차지하고 있으나, 2025년에는 50퍼센트 이상 증가될 것으로 전문가들은 예측하고 있다. 미국은 2030년까지 전체 수송 연료의 30퍼센트를 바이오 에너지로 대체하고자 하는 계획을 세워놓았다. 석유가격이 급등하고 있는 최근 우리나라에서도 굴지의 대기업들이 앞다투어 바이오 에너지 생산에 뛰어들고 있으며, 특정기업은 브라질 국영에너지 회사인 '페트로브라스'와 계약을 체결하는 등 바이오 에너지 개발 사업에 힘쓰고 있다.

21세기 신연금술, 합성생명공학에 도전하라

합성생명공학이란 자연계에 존재하지 않는 생명체를 만들어 산업 등에 유용하게 사용하고자 하는 학문이다. 게놈프로젝트의 조기 완성에 큰 공헌을 했던 벤터 박사와 캘리포니아 대학의 키슬링 교수 등이 합성생물학 연구를 시작하였으며, 현재 마이크로소프트사의 창업자인 빌 게이츠 같은 기업가들의 지원을 받아 연구가 진행되고 있다. 이들은 화학물질을 합성하여 DNA를 만들고, 만들어진 DNA를 정보를 가진 형태의 유전자로 구성한 후 그 유전자들을 모아 염색체와 같은 게놈으로 구성하여 새로운 생명체를 만들었다. 예를 들면 말라리아 치료제를 생산하는 새로운 효모나 햇빛을 무공해 바이오 에너지로 전환해 주는 생명체 공장을 만들고자 하는 야심 찬 시도를 하고 있다. 2004년 미국 MIT에서 세계 최초로 국제 합성생물학 국제학회가 개최된 이래 연구자들은 생명체 합성에는 아직 미치지 못하고 있지만 프로그래밍이 가능한 수천 개의 유전자 단위를 설계하고 만

미래생명공학자들의
도전 과제

드는 일을 진행하고 있다.

합성생명공학은 가장 어려운 연구개발 분야라고 생각할 수 있다. 특히 지방산 등을 이용하여 세포막을 제조하거나, 유전정보가 해독되어 단백질을 만들고, 외부로부터 영양물질이나 미량원소 등을 받아들여 새로운 물질을 합성하고, 에너지를 생산하는 대사능력을 지닌 생명체를 온전히 만들어 내는 것은 정말 신만이 할 수 있는 영역일 수도 있다. 앞서 언급한 최근 만들어진 인공생명체의 경우도, 진정한 의미의 생명체를 탄생시킨 것이라 할 수 없는 이유도 여기에 있다.

불로장생을 향한 꿈, 의·생명공학

난치병 환자들의 희망, 세포치료

세포치료는 손상된 세포나 조직을 재생시키고 대체하기 위하여 살아있는 세포를 동물 혹은 사람 세포에 이식하여 치료하는 방법을 말한다. 이식하는 종류에 따라서 줄기세포치료와 장기치료 등으로 분류할 수 있다. 특히 줄기세포 이용기술은 난치병 환자에게 희망을 제공할 수 있는 매우 중요한 분야라고 하겠다.

세포치료에 대한 최초의 기록은 1912년 독일인 의사가 갑상선 기능 저하증을 가진 아이들을 치료하기 위해 세포치료를 도입한 경우이다. 이후 세포치료의 아버지라고 불리는 폴 네이한에 의해 크게 발전되었고 오늘날까지 이어져 미래의 가장 유망 있는 치료법으로 기대를 모으고 있다. 세포치료는 암뿐만 아니라 다운증후군, 알츠하이머, 에이즈 등을 포함하는 다양한 질병의 치료에 적용할 수 있다. 세포를 이용한 치료가 가능한 것은 건강한 세포의 경우, 손상된 조직으로 이동 결합하여 기능을 수행할 수 있는 특성을 가지고 있기 때문이다.

불로장생을 향한 꿈,
의 · 생명공학

치료용 세포를 준비하는 과정은 다양하다. 그중 하나는 환자로부터 직접 세포를 추출하는 방법이다. 동물이나 다른 사람의 세포를 이용하지 않고 자신의 세포를 추출하여 다시 주입하는 것으로 면역반응과 같은 부작용을 일으키지 않는다는 이점이 있다. 하지만 이식할 만큼의 충분한 양을 얻기 위해서는 환자에서 추출한 세포를 증식시키는 과정이 필요하다. 그 외에도 일정한 과정을 거친 동물로부터 필요한 세포나 조직을 얻는 방법이 있다. 이렇게 준비된 세포는 환자에게 바로 이식되기도 하고, 질소에 일정기간 동안 보관된 다음 사용되기도 한다. 하지만 이 경우에는 반드시 사용 이전에 박테리아, 바이러스, 기생충 등에 감염되었는지 확인해야 한다.

오늘날 세포치료를 대표하는 것으로 줄기세포를 이용한 치료방법을 들 수 있다. 자가증식능력과 기능을 수행하는 줄기세포는 변화하는 분화능력을 가진 세포로 오늘날 난치병 치료를 위한 연구에 중요하게 인식되고 있다. 줄기세포 중 가장 많이 이용되는 것으로 성인으로부터 직접 얻을 수 있는 성체줄기세포와 배아에서 추출한 배아줄기세포를 들 수 있다. 성체줄기세포는 이미 오래전부터 치료에 이용되고 있다. 대표적인 예는 골수로부터 얻은 줄기세포로 백혈병을 비롯한 각종 혈액암을 치료하는 방법이다.

백혈병은 백혈구와 같은 혈구세포에 암이 생긴 것이다. 따라서 실제 세포치료를 위해서는 환자가 가지고 있는 비정상적인 혈구세포를 제거한 후 건강한 사람으로부터 얻은 골수(줄기세포를 포함하고 있음)를 이식해야 한다. 이 경우 이식된 골수 속의 줄기세포는 환자의 골수로 이동하여 건강한 혈구세포를 만들게 된다. 골수뿐만 아니라 혈액 내에 존재하는 줄기세포와 신생아의 탯줄로부터 얻을 수 있는 제대혈도 줄기세포 치료에 유사하게 이용될 수 있다. 또한 줄기세포는 파킨슨병과 같은 질병의 치료에 이용된다. 파킨슨병은 신경과 관련된 퇴행성 질환으로 행동이 느려지고 손발이 떨리거나 관절이 경직되고 몸

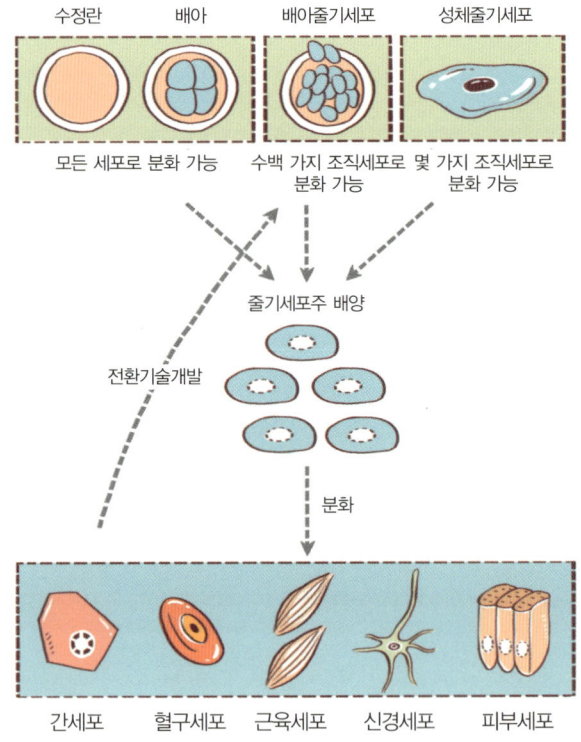

최근 피부세포를 배아줄기세포와 같은 성격의 세포로 만드는 혁신적인 방법이 개발되었다.

불로장생을 향한 꿈,
의 · 생명공학

의 균형을 잡지 못하는 질병으로 손상된 세포를 대체할 수 있는 줄기세포를 이식하면 정상적인 기능을 회복할 수 있다.

배아줄기세포는 착상 전의 수정란이나 발생 중인 태아 생식기 조직 등에서 얻을 수 있다. 이것은 신체를 구성하는 모든 조직과 장기세포로 분화할 수 있는 다양한 능력을 가지고 있기 때문에 만능세포라고 불린다. 이렇듯 배

아줄기세포는 유용성이 높으나, 생산과 추출하는 과정에서 배아를 파괴하는 등 많은 윤리적인 문제를 발생시킬 수 있다. 이 때문에 오늘날에는 인간 배아를 복제하거나 파괴하지 않고 줄기세포를 얻을 수 있는 방법이 활발하게 개발되고 있다. 그중 하나는 불임을 치료하기 위해 만든 배아에서 세포를 채취해 사용하는 방법이다. 이미 죽은 배아로부터 세포를 얻어 이용하기 때문에 생명파괴 논란을 피해갈 수 있다. 이 기술을 개발한 미국 컬럼비아 대학교 도널드 랜드리와 하워드 주커 박사 연구팀은 "이는 뇌사 상태의 환자에게서 타인에게 이식할 장기를 떼어내는 것과 같다"고 자신들이 개발한 기술을 소개했다. 두 번째 윤리문제를 피해갈 수 있는 기술은, 스탠퍼드 의과대학의 윌리엄 헐버트 박사의 연구진에 의해서 개발되었다. 이것은 배

아로 성장하는 데 필수적인 유전자
들을 발생 초기 단계에서 일시적으
로 없애거나 비활성화해 세포를 얻
는 방법이다. 이 경우 배아가 아닌
전 단계에서 줄기세포를 얻기 때문
에 윤리문제를 피해갈 수 있다고 주
장하고 있다.

2007년 11월 20일 〈뉴욕타임즈〉와
일본의 〈요미우리〉 신문은 미국 위
스콘신 대학의 제임스 톰슨 교수와 일본 교토대 야마나카 신야 교수
가 혁신적인 줄기세포 배양법을 개발했다고 보도했다. 배아줄기세포
가 아닌 성체의 피부세포로부터 배아줄기세포와 같은 성격의 세포를
만든 것이다. 연구진들은 피부세포 염색체에 유전자를 삽입하고 화
학물질을 처리하여 유전정보 해독을 재프로그래밍하는 방식으로 다
기능의 줄기세포를 만들었다. 이 방법 역시 배아파괴 혹은 난자확보
등에서 야기되는 윤리적인 문제를 해결할 수 있는 혁신적인 방법으
로 기대를 모으고 있다. 또한 환자의 피부세포를 이용하여 줄기세포
를 만들기 때문에 줄기세포로부터 만든 조직과 장기를 환자에게 이
식할 때 문제가 될 수 있는 면역거부반응을 피해갈 수 있어 맞춤형
치료방법으로 활용될 수 있을 것으로 기대되고 있다. 하지만 이들이
개발한 방법 역시 해결해야 할 몇 가지 문제점을 안고 있다. 유전자

불로장생을 향한 꿈,
의·생명공학

재프로그래밍에 의해 만들어진 줄기세포가 안전한 것인지를 우선 검증해야 할 것이다. 치료효과가 검증될 때 이들 연구의 최종 성공 여부가 판가름 날 것이다. 몇 년 전 전세계 과학계와 일반인들에게 커다란 충격을 불러일으켰던 황우석 박사와 관련된 복제 줄기세포의 진위 문제와 윤리성 문제 등으로 한동안 침체되었던 우리나라의 줄기세포 연구도 다시 탄력을 받아 활발하게 이루어질 것으로 예상된다. 2007년 우리 정부는 줄기세포 관련 연구에 모두 342억 원을 지원하는 등 다시 연구에 힘쓰고 있다.

세포치료의 한계점과 미래

세포치료는 화학적(약품), 기계적(수술) 방법을 통해서도 치료하기 어려운 난치병을 고칠 수 있는 마지막 해결책일지도 모른다. 하지만 이런 매력적인 이면에는 여러 가지 문제점을 가지고 있다.

현재까지 많은 연구가 이루어져 있음에도 불구하고 실제 체내에 이식한 이후에 줄기세포가 치료효과를 보일지에 대한 의문이 여전히 해결되지 않은 상황이다. 그리고 어떻게 그 치료효과가 나타나는지에 대한 과정이 아직까지 밝혀지지 않았다.

이 때문에 유용한 줄기세포를 똑같은 형태로 일정하게 만들어서 환자에게 적용할 수 있는 치료 방법이 확립되지 못한 것이 현실이다. 또한 동물이나 다른 사람으로부터 세포를 이식받는 경우에 박테리아나 바이러스에 감염되거나 면역 반응을 일으킬 수도 있다는 위험성을 안고 있다.

줄기세포라는 용어가 뉴스에 자주 등장한 이후 많은 사람들이 줄기세포가 현재 병을 치료하는 데 이용되고 있다고 생각할 것이다. 하지만 실제 줄기세포를 적용하여 환자를 치료하는 예는 많지 않다. 극히 제한되어 있다.

줄기세포를 환자에게 적용할 때 가장 문제시되는 점은 암 유발에 대한 가능성이다. 오늘날 과학자들은 줄기세포가 많은 부분에서 암세포와 비슷한 성격을 가지고 있음을 밝혀냈다. 미분화 상태일 경우 줄기세포는 계속 증식하여 암세포화될 수 있는 특성을 가지고 있는 것이다. 실제 줄기세포를 환자에 이식하였을 경우 암 발생 확률이 매우 높은 것이 동물실험을 통해 잘 알려져 있다.

이 같은 문제점 때문에 수년 전 〈중앙일보〉에서 환자들을 대상으로 "줄기세포를

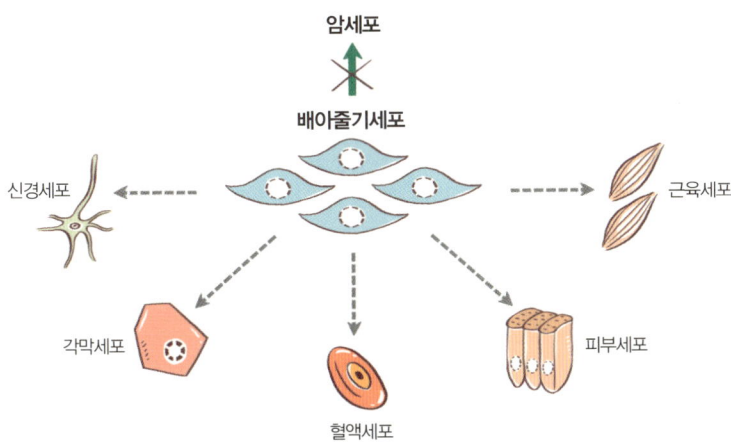

암세포

배아줄기세포

신경세포

근육세포

각막세포

피부세포

혈액세포

줄기세포를 환자에 적용하는 데 가장 큰 문제 중 하나는 줄기세포가 암세포로 전환될 수 있다는 점이다.

이용하여 치료를 할 경우 암이 발생할 가능성이 있음에도 불구하고 줄기세포 치료를 받겠는가?"라는 설문을 조사 한 바 있다. 당시 대다수의 환자들이 "받지 않겠다"며 부정적인 견해를 나타냈는데, 결코 이상한 것이 아니라 하겠다. 따라서 줄기세포치료를 환자 치료에 적용하기 위해서는 먼저 암 발생 문제를 극복해야 한다.

황우석 박사의 처녀생식 줄기세포

〈셀스템셀〉이라는 저명 줄기세포 관련 학술지의 2007년 8월 2일자 인터넷 판에
는 '체세포핵이식 줄기세포와 처녀생식 배아줄기세포 식별'이란 논문이 실렸다.
복제양 돌리를 게재한 이안 윌머트 박사의 사설과 함께 게재된 내용은 사회적으
로 엄청난 물의를 일으켰던 황우석 박사와 관련된 연구 결과에 관한 것이었다.
황우석 박사 연구실에서 만들었다고 주장했던 체세포핵이식 줄기세포가 처녀생
식법에 의해 만들어진 줄기세포임을 연구를 수행하여 과학적으로 보고한 것이
다. 처녀생식이란 난자세포가 수정하지 않은 상태에서 분화하여 새로운 개체를
이루는 현상을 말한다. 벌, 진딧물, 물벼룩 등 곤충에서 처녀생식이 관찰된다.
반면 포유동물은 난자와 정자가 만나 수정한 뒤 그 수정란이 성체로 크는 양성
생식을 한다. 그러나 실험실에서 인위적으로 수정되지 않은 난자에 전기충격을
가하면 난자가 정자가 들어온 것으로 착각해 수정된 상태가 되기도 한다.
황 박사팀에서 체세포복제를 위해 전기충격을 주어 세포융합을 유도하는 과정
에서 처녀생식 줄기세포가 만들어진 것으로 추정된다. 즉, 핵 치환을 하지 않고
도 환자 맞춤형 배아줄기세포를 수립할 수 있는 기술이 가능하게 된 것이다. 하
지만 처녀생식 줄기세포는 남성 체세포 이식 없이 난자로만 만들기 때문에 맞춤
형 줄기세포는 자신의 난자를 제공할 수 있는 여성에게만 사용할 수 있다.
예를 들어 피부가 손상된 여성 환자에게서 난자를 제공받아 처녀생식 줄기세포
를 만들고 그 줄기세포를 가공하여 그 여성의 피부에 면역 거부반응 없이 이식
할 수 있을 것이다. 또한 처녀생식을 이용하면 수정된 배아를 파괴하지 않고도
난자만으로 줄기세포를 얻을 수 있어 윤리적 논란에서도 일부 벗어날 수 있다.

불로장생을 향한 꿈,
의 · 생명공학

난자를 제공할 수 있는 여성들에게만 사용할 수밖에 없다는 제한성이 있기는 하지만 최초의 인간 처녀생식 줄기세포를 만들었다는 관점에서 황 박사팀의 연구결과는 중요한 것이라고 하겠다.

이와 관련하여 최근 〈뉴욕타임즈〉는 '불신당한 줄기세포 연구 속에서 이뤄진 최초의 과학적 진실'이라는 제목의 논평을 실었다. 황 박사팀의 연구 결과물은 그 중요성에도 불구하고 제대로 인정받지 못했다는 것이다. 오히려 과학잡지들은 '그들은 무엇을 얻었고 스스로 무엇을 달성했는지 모른다'라는 논평을 통해, 그들의 연구결과를 비아냥거리기도 했다.

무엇이 문제인가? 과학은 진실의 학문이다. 진실성에 상처를 받게 될 경우 과학은 더 이상 과학으로서의 가치를 상실할 수 있다. 또한 과학은 결코 결과만을 중요시하는 학문이 아님을 인식할 필요가 있다. 우연히 중요한 사실을 발견하였어도 그에 대한 정확한 의의와 그에 대한 과학적인 입증이 이루어지지 않는 한 연구 잡지에 게재될 수 없음은 물론이고, 그 발견의 중요성은 한없이 평가 저하되거나, 하나의 가설로 남을 수 있다.

뇌에 관한 모든 것을 밝혀라

뇌는 생명체의 생명현상을 조절하는 중추적인 역할을 수행하고 있다. 즉, 고등생명체의 특징인 감정, 언어, 판단 등 모든 활동을 결정하는 핵심적인 역할을 수행하는 것이다. 인지신경과학과 정신과학 분야에서도 뇌의 기능에 대한 활발한 연구가 이루어지고 있다. 뇌의 기능과 관련하여 그 작용 메커니즘을 분자 수준에서 밝힌 연구는 미래 뇌 연구를 위한 중요한 발전이라 하겠다. 뇌는 놀랍도록 복잡하고 정교한 시스템으로 구성되어 있다. 현대과학은 뇌의 비밀을 풀기 위해 끊임없는 노력을 기울이고 있으며 분자생물학의 발달과 첨단영상기법의 개발로 인해 뇌의 비밀이 하나하나 밝혀지고 있다. 무엇보다도 의학 분야와의 접목을 통하여 치료 기법을 발전시키기 위한 연구가 활발히 진행되고 있다. 현대에는 많은 뇌신경 관련 질병들이 있다. 이미 언급한 퇴행성 신경질환인 알츠하이머, 파킨슨병, 헌팅턴병, 루게릭병 등 노령화로 인해 많은 질병들이 발생하고 있다.

불로장생을 향한 꿈,
의 · 생명공학

이 같은 질병의 특징은 질병을 앓고 있는 개인뿐만 아니라 가족 및 사회에 엄청난 경제, 정신, 사회적인 비용을 지불하게 한다는 것이다. 이러한 각종 뇌 질환의 원인을 규명하고, 예방과 치료법을 개발하는 것 역시 생명공학 분야의 중요한 과제인 것이다.

많은 과학자들은 뇌를 포괄적으로 이해하기 위해서는 우선 거미줄처럼 연결되어 있는 뇌 속의 수많은 구성 요소들을 밝히고 그 기능을 알아야 한다고 말한다. 즉, 뇌의 지도를 작성하는 것이 무엇보다 중요하다고 생각하고 있다. 현재 미국의 국립정신건강연구소, 국립과학재단, 국립의약품 남용연구소 등은 앞으로 20여 년간에 걸쳐 이 '뇌 지도 작성'을 완성할 계획에 있다고 한다. 뇌 지도에는 복잡한 뇌의 기본 구조와 각종 신경전달물질들, 수용체의 위치, 뇌 속에서 약물이 결합하는 부위, 특정기능을 하는 뇌 부위의 정확한 위치 등은 물론, 정신질환 때문에 이상이 나타난 뇌 부위 등이 모두 담기게 된다. 또한 뇌신경과학을 바탕으로 신약을 개발하는 것 역시 고부가가치 산업으로 각광받을 것이다. 현재 우울증 치료제인 '프로작'은 단일 의약품 중에서는 최고로 많은 판매수익

용어 팁

헌팅턴병 치매를 유발하는 유전성, 퇴행성 신경계질환으로 4번 염색체의 이상에 의해 발병하는 것으로 알려져 있다. 뇌세포가 죽어서 생기는 병으로, 자신의 의도와는 관련 없이 목, 팔, 다리 등이 허우적거리는 증상을 나타내며, 보통 치매와 함께 찾아오기도 한다.

루게릭병 희귀병으로 이 병에 의해 사망한 미국의 전설적인 야구스타인 루게릭 선수의 이름을 따서 루게릭병으로 불려졌다. 영국의 저명한 물리학자인 스티븐 호킹 박사가 앓고 있는 병으로도 유명하다. 근육위축, 근력약화, 언어장애, 사지위약 등을 동반하는 퇴행성 신경계 병이다.

tip

을 올리고 있다.

우리나라 역시 뇌신경과학에 많은 관심을 갖고 있다. 이미 1990년에 국가적 차원에서 '뇌연구 10년 사업'이라는 법안을 마련하여 막대한 연구비를 투자하였다. 또한 프런티어 사업이라는 대규모 집단 형태의 연구 프로그램을 통하여 뇌 연구사업에 대한 지원을 아끼지 않고 있다.

불로장생을 향한 꿈,
의 · 생명공학

1990년 9월 14일은 생명공학에서는 역사적인 날로 기억된다. 바로 최초의 유전자치료가 수행된 날이다. 윌리엄 프렌치 앤더슨 박사가 미국립보건원 의료센터에서 당시 아데노신 디아미나제(ADA: adenosine deaminase)라는 효소가 결핍되어 면역부전증을 앓고 있는 4세 어린 소녀를 대상으로 유전자치료를 실시하였던 것이다.

그 다음 해인 1991년 1월에도 유사한 방법으로 9세 여자 아이에게 유전자치료가 시도되었다. 이 두 소녀는 치료 후 뚜렷한 치료효과를 보여주었으며, 앤더슨 박사는 유전자치료 분야에 선구자로 인정받게 되었다. 하지만 아이러니하게도 앤더슨 박사는 2004년 17세 소녀를 성희롱한 혐의로 체포되었다. 그리고 과학자들은 앤더슨 박사가 유전자치료를 할 때 합성된 면역강화제를 함께 주입하여 치료하였다며 환자의 건강상태가 좋아진 것이 단지 유전자치료의 효과 때문인지 함께 투여한 면역강화제의 효과인지 명확하게 알 수 없다는 의견이

제시되었다. 이로 인해 그의 유전자치료 연구결과 자체가 의심받는 상황이 되었다.

이런 어처구니없는 상황에도 불구하고, 유전자치료는 선천적으로 유전자 결핍에 의해 발생하는 질병치료 방법으로 많은 주목을 받고 있다. 유전자치료는 문제가 있는 질병원인 유전자를 정상상태로 만들어 환자를 치료하는 방법이다.

유전자치료는 사람의 신체에 직접 적용하는 치료법과 배아단계에 적용하는 치료법으로 크게 분류할 수 있다. 신체적 유전자치료는 몸 속 특정 조직의 세포 중에 이상이 있는 유전자를 찾아 그것을 정상적인 유전자로 바꾸는 것이다. 그리고 배아단계의 유전자치료는 배아단계에서 문제의 유전자를 정상 유전자로 영구히 바꾸는 방법이다. 신체적 유전자치료에 비해 배아 유전자치료법은 성공할 경우 효과가 지속될 수 있으므로, 영구적인 치료효과를 가져올 수 있다. 현재 대부분의 유전자치료는 특정 신체부위에 유전자를 일시적으로 집어넣는 방법을 이용하고 있다. 때문에 치료효과가 영구적이지 않을 수 있고, 지속적으로 치료를 받아야 하는 경우가 대부분이다.

반면 배아단계의 유전자치료는 주로 부모로부터 유전되는 유전질환의 치료에 응용될 수 있다. 하지만 영구치료가 가능할 수 있으나 일반 환자에게 직접 적용하기까지는 아직 극복해야 할 많은 문제점을 안고 있는 상황이다. 유전자치료에 있어 극복해야 할 가장 커다란 문

제점은 치료목적에 사용하는 대상 유전자를 DNA가 존재하는 세포의 핵 속에 전달하는 것이다.

유전자치료법 개발에 가장 많이 이용되는 유전자 전달벡터는 바이러스다. 그중에서도 앞서 언급한 동물이나 세포의 형질전환을 위해 벡터로 사용되는 레트로바이러스와 아데노바이러스가 가장 많이 사용된다. 이들 바이러스는 쉽게 사람과 같은 동물세포를 감염 시킬 수 있고, 목표로 하는 세포에 자신의 유전자를 정확하게 삽입하는 능력을 갖고 있다. 이 같은 성격 때문에 이들 바이러스의 병원성을 줄인 후 벡터로 활용하여 유전자를 환자의 세포에 전달한다. 유전자치료를 위한 또 다른 전달 방법으로 리포좀을 이용하기도 한다.

최근에는 작은 '나노 물질'을 신소재로 이용하여 유전자를 전달하기도 한다. 하지만 앞에서 언급했듯이 유전자치료가 이상적인 치료방법으로 자리잡기까지는 아직 많은 장애물을 넘어야 하는 상황이다. 첫째로는 유전자를 전달하는 데 사용되는 벡터의 부작용을 들 수 있다. 벡터로 가장 많이 사용되는 바이러스의 경우 병원성을 없앴다 하더라도, 우리 몸에서 외부의 바이러스를 침입자로 인식하여 면역반응을 일으킬 수 있다. 또한 이들 바이러스 유전자가 세포에 잘못

용어 팁

리포좀(liposome) 우리가 기름을 물에 넣고 급하게 저어주면, 기름덩어리 버블이 형성되는데 그와 유사하다고 생각하면 될 것이다. 겉이 소수성인 지질이중막(lipid bilayer)으로 되어있기 때문에 리포좀 속에 DNA를 넣어 세포에 전달하면, 표면이 소수성인 리포좀이 세포막을 잘 통과하기 때문에 DNA가 세포로 잘 전달된다. 일반적으로 약물을 전달하는 데 많이 이용된다.

tip

전달될 경우 암을 일으킬 가능성도 있다. 둘째로는 유전자치료 방법 자체에서 발생할 수 있는 부작용이다. 신체에 적용된 치료용 유전자는 체내에서 안정적으로 복제되지 못해 지속적으로 유전자치료를 받아야 한다. 또한 질병 유발 유전자가 하나가 아닌 여러 개인 경우는 현재의 기술로 유전자치료를 적용하기 어렵다. 이처럼 유전자치료에 대한 부정적인 면이 있지만, 유전자치료는 이상이 생긴 유전자를 같은 유전자 수준에서 치료함으로써 이상적인 치료방법으로 연구개발이 진행되고 있다.

글리벡과 같은 만성백혈병 치료제를 개발한 세계적인 제약회사인 노바티스사도 유전자치료기술 개발에 많은 노력을 기울이고 있다. 그 결과로 2006년 8월에는 기존의 방법으로는 치료가 어려운 '전이암' 환자를 유전자치료법으로 치료하는 데 성공했다는 임상결과를 발표하기도 했다. 인류가 직면하고 있는 가장 심각한 만성질병의 하나인 당뇨병 역시 유전자치료법을 통해 효과를 볼 수 있다. 즉, 인슐린이라는 치료용 단백질 처방 대신 인슐린 유전자를 혈관 내피세포에 도입함으로

용어 팁

면역부전증 유전으로 인해 선천적으로 면역기능에 결함이 생겨 발생하는 질환으로, 증상은 결함의 종류에 따라 다르지만 각종 감염증, 혈액질환, 자가면역질환, 종양 등의 합병증을 유발한다.

글리벡(Glevec) 스웨덴의 노바티스사에서 개발한 약으로 흔히 기적의 약으로 불리기도 하는 백혈병·치료약이다. 2001년 미국식품의약안전청으로부터 판매가 허가되었다. 비싼 약값 때문에 제약회사와 소비자 간에 많은 갈등을 일으키기도 했다. 세포가 증식하는 데 필요한 신호전달을 차단하는 원리에 의해 개발되었다.

tip

써 치료효과가 증진되었다는 결과가 보고되기도 하였다. 현재의 유전자치료는 기술적인 문제와 윤리적인 논란 때문에 환자에게 적용하기에는 부족한 점이 많다. 하지만 부작용도 없고 효율적으로 유전자를 전달할 수 있는 벡터 등의 핵심적인 기술이 개발되면, 중요한 치료방법의 하나로 자리잡을 수 있을 것이다. 영화에서나 보듯 일상적으로 유전자치료를 받는 미래를 기대해 보자.

영화『나는 전설이다』를 통해 본
유전자치료의 이면

2007년 개봉된 영화『나는 전설이다』는 유전자치료 혹은 형질전환 등에 사용되는 바이러스의 위험성에 대한 경각심을 높여줬다. 영화 속 배경은 2010년. 영화는 어느 의사가 언론과 인터뷰하는 장면으로 시작된다. 이해를 돕기 위해 약간의 의역을 했지만, 인터뷰의 내용은 대략 이러하다.

앵커 당신이 개발한 폴리오바이러스(소아마비를 일으키는 바이러스)를 이용한 암 치료
　　　 방법은 얼마나 효율적입니까?

의사 이 치료법을 1만 명에게 적용했는데 모두 암이 치료되었습니다.

앵커 그렇다면 완치율이 100퍼센트라는 말인가요?

의사 예! 그렇습니다.

앵커 어떻게 치료하신 겁니까?

의사 예를 들자면, 치료에 사용한 폴리오바이러스를 고속도로에서 굉장한 속도로 달리
　　　 는 악당들이 타고 가는 위험한 차라고 생각했을 때, 그 운전사를 경찰관으로 바꾸
　　　 어 좋은 일을 하도록 한 것과 같은 원리입니다.

이 이야기를 과학적으로 이해한다면 앞에서 레트로바이러스와 아데노바이러스의 병원성을 약화시키거나 없앤 후, 유전자치료 혹은 형질전환에 이용했듯이, 원래는 소아마비를 유발시키는 바이러스로 잘 알려진 폴리오바이러스를 유전공학적 방법으로 조작하여 병원성을 없애고 암 치료효과를 가지는 바이러스로 전

불로장생을 향한 꿈,
의·생명공학

환시켜 암 치료에 사용한 것으로 생각하면 되겠다. 인터뷰 장면 이후 영화는 3년 후의 상황을 보여준다. 폐허가 되어버린 뉴욕 도심에서 유일한 생존자가 된 과학자 로버트 네빌(윌 스미스)은 또 다른 생존자를 찾기 위해 절박한 심정으로 매일 방송을 송신한다. 그가 애써 찾아낸 대부분의 인간은 더 이상 인간이 아니었다. 바이러스에 감염되어 변화된 변종인간들로 그들은 주인공을 위협하는 존재가 되었다. 인류의 운명을 짊어진 네빌은 각종 치료약을 찾기 위해 동물과 변종인간을 대상으로 연구를 하면서 사투를 벌인다.

3년 전 한 과학자가 완치율 100퍼센트라고 자랑했던 암 치료법이 인류에 상상치도 못한 재앙을 일으킨 것이다. 영화는 변종인간을 치료하고 생존해 있는 인류의 삶을 보존하기 위해 기꺼이 목숨을 바친 주인공의 감동적인 희생으로 끝이 난다. 과학자가 언론과 인터뷰를 하는 부분이 워낙 금세 지나가 변종인간들이 왜 생기게 되었는지 눈치 채지 못하고 영화를 본 사람들도 있을 것이다. 하지만 이 영화는 우리가 유익하게 이용하고자 개발한 바이러스 벡터와 같은 생명공학 관련 제품이나 기술이 오히려 인류에게 엄청난 재앙을 가져올 수도 있다는 경각심을 일깨워 주고 있다.

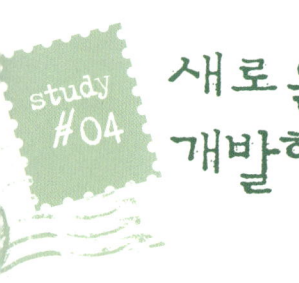

새로운 약을 개발하라

사람은 수많은 질병에 끊임없이 노출되어 살아간다. 건강하게 오래 살고 싶은 인간의 욕망은 질병으로부터 건강을 지킬 수 있는 방법을 연구하도록 하였다. 그래서일까? 약을 사용해 온 역사는 가히 인간의 역사와 함께했다고 말해도 과언이 아닐 것이다.

인류가 최초로 약을 사용하기 시작한 시기는 정확히 알 수 없으나 자연에서 식량을 자급자족해야 했던 시대부터였다고 추정된다. 각종 동식물을 식용으로 사용하다가 치료나 예방효과를 보이는 것들을 발견하고 그것을 약으로 이용하기 시작한 것이다. 본격적으로 의약품을 연구하기 시작하면서 각종 백신이나 항생제 같은 약들을 개발하게 되었고, 이 약들은 수많은 생명을 구하며 인류에게 혁명적인 변화를 가져다 주었다.

오늘날에는 신약개발을 위해 많은 비용과 시간을 투자하고 있다. 단일신약 개발에 1,000억~5,000억 원 정도의 엄청난 비용이 투자되고

있으며, 대개 10~15년에 걸쳐 신약개발을 위한 연구가 진행된다. 천연물 혹은 합성된 수만 가지의 물질들을 대상으로 하는 연구를 통해 이 중 약 1퍼센트 이하만이 약으로 개발된다고 하니 신약이 얼마나 대단한 것인지 새삼 느껴진다.

오늘날의 신약개발은 분자수준에서의 생명현상의 이해를 바탕으로 진행되고 있다. 실험실에서 개발된 신약후보물질을 먼저 동물에게 투여한 후 임상실험을 실시하고, 3~4단계에 걸친 체계적인 방법을 통하여 신약의 안전성과 약효를 검증한 이후에 판매에 들어가는 것이다. 또한 판매 이후에도 장기 투여시 나타나는 부작용을 확인하기 위해 조사와 실험도 지속적으로 이루어진다. 이렇게 신약개발은 엄청난 시간과 돈, 그리고 인력이 투입되어 이루어지기 때문에 실로 어려운 작업이라 하겠다. 하지만 일단 성공하기만 하면 그동안의 모든 노력을 경제적이나 사회적인 기여도 등에서 보상받을 수 있어 그에 대한 매력이 더한다.

신약개발에 있어 가장 중요한 점은 독성이 있거나, 임상단계에서 실패할 가능성이 있는 후보물질들을 개발 초기단계에서 아예 배제시킬 수 있는 방법을 개발하는 것이다. 따라서 최근에는 신약들의 기능성을 테스트하는 초기단계에서 독성 테스트를 함께 수행하거나, 컴퓨터 모델링을 통해 가상적인 약효 테스트를 하는 등의 과정을 통해 성공가능성이 낮은 약을 조기에 예측하여 개발 과정에서 배제함으로써 약 개발에 소요될 불필요한 시간과 비용을 절약하려는 시도가 이루어지고 있다.

또한 오늘날에는 오랜 연구를 통하지 않고 기존의 약이 새롭게 신약으로 개발되는 경우도 있다. 본래 목적 외의 기능이 발견되는 경우가 그것인데, 이 경우에는 무엇보다 기존에 안전한 약으로 이용되어 왔거나 이미 독성이 테스트된 약이기 때문에 안전성이 보증된다는 이점이 있다. 또한 스크리닝 단계부터 시작되는 일반 신약개발과는 비교도 되지 않을 정도로 적은 투자비용과 시간이 소요되기 때문에 매우 경제적이고 효율적이다. 이 같은 이유로 오늘날에는 현재 약으로 사용되고 있거나, 그 효능 때문에 개발을 중단한 약들을 이용하여 새로운 기능의 신약을 개발하는 일에도 많은 제약회사들이 뛰어들고 있다. 오늘날 전 세계적으로 FTA 등으로 인해 의약 분야의 전면적인 개방이 이루어졌다. 또한 신규로 개발되는 모든 의약품에 대해 비싼 사용료를 지불해야 하는 상황이다. 앞에서 이야기한 글리벡처럼 종종 제약회사와 소비자단체가 새롭게 출시된 신약의 판매 가격에 대해 열띤 공방을 하는 것을 목격하게 된다. 하지만 비싼 약값은 그 신약개발에 투여된 모든 비용뿐만 아니라 사장된 수많은 신약개발에 투자된 비용이 포함된 최종가격임을 인식할 필요가 있다. 국내에서도 일찍부터 신약개발에 관심을 두고 대기업들과 제약회사들을 중심으로 투자가 진행되어 왔다. 최근 9개의 신약이 제품화되는 데 성공을 거둔 것을 계기로 우리나라는 세계 11번

> 9개의 신약이 제품화되는 데 성공을 거둔 것을 계기로 우리나라는 세계 11번째 신약개발국에 진입하였다.

불로장생을 향한 꿈,
의 · 생명공학

째 신약개발국에 진입하였다. 정부에서도 차세대 성장동력 분야로 바이오 의약 분야를 선정하고 국가적으로 전폭적인 지원을 아끼지 않고 있으나 미국 유럽 등의 제약 산업과 비교할 때 아직 미미한 단계로 생각할 수 있다.

맞춤형 의약품 시대가 열린다

2003년 인간게놈프로젝트가 완성되면서 모든 인간의 DNA는 99퍼센트 이상이 동등한 것으로 밝혀졌다. 99퍼센트 이상이 동등하다는 것은 인종 간에 커다란 차이가 없는 것처럼 여겨진다. 하지만 이후 과학자들의 관심은 "1퍼센트의 다른 DNA가 어떻게 각 인종 간 혹은 개인 간 차이를 나타나게 하는가?"라는 문제에 집중되었다.

질병은 살고 있는 환경이나 섭취하는 음식물 등 수많은 외부 요인에 의해 발병하는 것으로 알려져 있다. 하지만, 많은 경우 부모로부터 물려받은 유전형질에 의해 특정질병에 민감하거나 저항성을 가지게 되는 경우가 많다. 서아프리카인은 풍토병에 잘 걸리지 않는다든가 황인종은 땀을 적게 흘린다든가 하는 차이를 보여주는 경우가 그 예이다. 따라서, 유전형질을 미리 알아낸다면 미래에 발생할 가능성이 높은 질병을 미리 예방할 수 있고, 개인에 맞는 맞춤형 질병치료라는 이상적인 약 개발로 이어질 수 있을 것이다.

1994년 렙틴이라는 비만치료용 단백질이 개발되어 세계가 떠들썩했다. 렙틴은 당시 미국 록펠러 대학의 제퍼리 프라이드만 박사에 의해서 개발됐다. 렙틴이 결핍된 쥐에게 렙틴을 투여하였더니 쥐의 몸무게가 30퍼센트나 떨어졌다. 이 결과로 인해 사람들은 비만치료에 혁신적인 약이 개발된 것으로 기대했고, 캘리포니아의 생명공학회사인 '암젠'은 록펠러 대학에 원화로 200억 원을 주고 렙틴의 특허권리를 가져오기로 결심했다. 그때만 해도 렙틴에 대한 기대는 청신호 그 자체였다.

하지만 추가적인 연구가 진행됨에 따라 렙틴이 불과 5퍼센트 정도의 비만환자에

불로장생을 향한 꿈,
의 · 생명공학

게만 작용한다는 것이 밝혀졌다. 즉, 개인의 유전형질에 따라 약효가 다르게 나타나는 것이다. 거액을 주고 렙틴의 특허권을 가져간 암젠에게는 불행한 결과였지만 렙틴은 개개인의 차이에 따른 맞춤형 약 개발이 필요함을 보여준 좋은 예라고 할 수 있다.

개인별 차이에 대한 약에 대한 원리는 오늘날 현실화되고 있다. 2005년 미국 FDA에서는 바이딜이라는 심부전증 치료제를 흑인에게만 한정 판매하는 것을 허용했다. 바이딜이라는 약이 흑인의 유전형질에서만 약효가 나타난 때문이다. 이 역시 인종의학 혹은 개인에 대한 맞춤형 의약의 현실화가 눈앞에 와 있음을 보여준 예라 하겠다.

묻혀 있는 황금 신약 발굴,
우연이 가져다 준 행운

인류의 역사상 가장 안전하고 위대한 약 중 하나가 아스피린이다. 전 세계인들이 매년 2,000억 정 이상을 복용할 만큼 아스피린은 지난 100년 동안 가장 많이 팔린 약으로 기록되어 있으며 오늘날에도 많은 사람들이 애용하고 있다.

아스피린은 살리실산과 유사한 물질로 원래 버드나무껍질에서 추출하여 만들었는데 나중에는 합성방법을 거쳐 만들어졌다. 아스피린은 해열제와 소염진통제로 사용되었다가 위장장애를 일으키는 부작용이 발견되고, 타이레놀의 등장으로 사용이 잠시 주춤거렸다. 하지만 오늘날 제2의 전성기를 맞이하고 있다. 그동안 알려지지 않은 많은 새로운 기능들이 속속 밝혀지고 있기 때문이다.

예를 들어 아스피린은 WHO에서도 권고하는 심장질환 예방제로 사용되고 있으며 매일 복용하면 중풍이나 심장마비를 30퍼센트나 감소시킨다는 보고도 있다. 이 같은 예방효과뿐만 아니라 불안정한 협심증, 경미한 뇌졸중, 심장발작 등의 치료에도 사용되어 왔다.

이처럼 어렵고 힘든 신약개발과정을 거치지 않고 기존의 약이 갖고 있는 새로운 기능이 밝혀져서 개발되는 경우도 많이 있다. 또 다른 대표적인 예가 바로 영국의 제약회사인 '화이저'가 개발한 푸른색 명약 '비아그라'다. 비아그라는 오늘날 유명한 남성용 발기부전 치료제로 사용되고 있다. 하지만 비아그라는 원래 심혈관 치료제로 개발되었다.

비아그라가 작용하는 원리는 '니트로글리세린'이라는 화합물이 혈관을 확장시켜 심장병치료효과를 나타내는 것과 같은 원리인데, 이에 대한 연구는 '니트로

불로장생을 향한 꿈,
의 생명공학

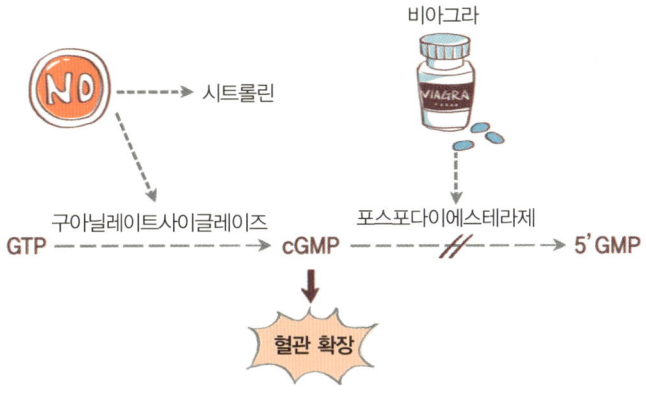

비아그라의 작용 메커니즘

글리세린'이 심장병치료에 사용되기 시작한 100년 전부터 관심을 끌어온 연구였다. 오랜 연구를 통해 니트로글리세린에서 발생되는 산화질소(NO)가 cGMP라는 물질의 생성을 촉진하는데, 이 cGMP이 혈관내피에 축적되면서 혈관을 확장시켜 치료효과를 나타내는 것으로 밝혀졌다.

산화질소에 의해 만들어진 cGMP는 생체 내에서 '포스포다이에스테라제'라는 효소의 작용에 의해 5'GMP라는 물질로 전환되어 없어진다. 비아그라는 이 포스포다이에스테라제 효소를 억제하는 기능을 가지고 있는 화합물로, 투여시 cGMP를 혈관내피에 축적되도록 함으로써 혈관을 확장시킨다. 비아그라가 포스포다이에스테라제를 억제하는 물질임을 밝힌 파이저 연구팀은 처음 비아그라를 고혈압 등 심혈관계통의 치료제로 개발하였다. 하지만 효과가 나타나지 않았다. 실망하고 있던 연구자들에게 뜻하지 않은 행운이 찾아온다. 비아그라를 처방받은 환자들 중 남성들에게서 음경동맥이 확장되어 발기가 유도되는 효과가 나타난 것이다.

암과 신생혈관
생성 억제제 연구

생명공학이 눈부시게 발전했고, 수많은 신약들이 각종 질병 치료제로 개발되었음에도 불구하고, 여전히 암은 인류에게 가장 큰 사회적, 경제적 문제들을 야기시키고 있다. 그리고 이에 대한 근본적인 해결책은 아직 마련되지 못한 실정이다.

암은 무엇인가? 왜 발생하는가?

앞에서 언급한 대로 모든 세포의 생명현상은 항상 일어나는 것이 아니라 세포가 처한 주위환경에 따라, 엄격히 조절되는 특징이 있다. 사람의 키 역시 어느 정도가 지나면 더 이상 자라지 않거나, 장기 등이 특정 형태를 유지하고 있는 것도 이 같은 조절기능 때문이다.

암은 세포가 다양한 원인으로 인해 세포의 성장을 정상적으로 조절하는 기능이 망가져 지속적으로 세포가 성장하기 때문에 발생하는 질병이다. 이 같은 비정상적인 세포의 성장 원인은 크게는 두 가지로

불로장생을 향한 꿈,
의 · 생명공학

생각할 수 있다. 하나는 암을 발생시키는 데 관련하는 인자들이 비정상적으로 활성화되거나, 반대로 세포성장을 억제하는 데 관련되어 있는 인자들이 기능을 잃어 나타나는 경우들이다. 암 발생과 관련되는 인자들은 대부분 세포 내에서 세포의 성장과 관련된 기능을 수행하는 단백질들이며, 이들에 대한 정보를 지니는 유전자들이 돌연변이에 의해 변화되었을 때 암이 발생하는 경우가 많다. 다시 말해서 그들 유전자들에 돌연변이가 일어난 후 정보가 해독되었을 때 만들어지는 단백질의 구조와 기능이 변화되어 세포성장을 비정상적으로 촉진하여 암이 발생하는 것이다.

일반적으로 우리가 암유전자(oncogene)라고 부르는 유전자들은 종종 암을 일으키는 나쁜 유전자로 생각할 수 있다. 하지만 이것은 사실이 아니다. 1970년에 과학자들은 암을 발생시키는 바이러스 유전자들과 유사한 유전자들이 사람을 포함하는 정상적인 동물에서도 존재한다고 밝혔다. 암을 발생시키는 유전자가 정상적인 세포에서 발견된 것은 매우 놀라운 일이었다. 곧이어 과학자들의 관심은 "이들 암 발생과 연관된 유전자들이 정상적인 동물에서 하는 일이 무엇일까?" 하는 문제에 집중되었다. 이어진 연구를 통하여 사람들이 암유전자로 생각했던 유전자들이 세포의 성장에 관여한다는 것을 알아냈다. 뿐만 아니라, 이들이 세포가 성장하는 데 필수적인 역할을 수행한다는 사실을 밝혀낸 것이다.

결론적으로 이야기하면, 정상적인 세포에서 발견된 암유전자는 항상 암을 유발시키는 유전자가 아니라 암을 발생시킬 수 있는 잠재력을 가진 유전자인 것이다. 즉, 엄격하게 말하면 암유전자가 아니라 원암유전자(proto-oncogene)라고 부르는 것이 올바른 표현이다.

그리고 지속적인 연구를 통해 원암유전자들의 정보가 해독되어 만들어지는 물질이 세포신호전달 단백질임이 밝혀졌다. 특히 이들 성장 관련 신호전달물질들은 외부의 성장인자에 의한 자극을 인식하여 그 신호를 연속적으로 전달하는 역할을 수행하여, 핵 속에 들어있는 세포성장과 관련되는 유전자들의 해독을 촉진하는 것으로 알려져 있다. 하지만 이 같은 신호전달은 항상 일어나는 것이 아니라 세포가 처한 환경이 맞을 때만 발생한다. 즉, 성장인자에 의한 자극이 주어졌을 때만 신호전달을 수행하여 성장 관련 유전정보 해독을 촉진하는 역할을 하는 것이다. 암은 바로 이와 같은 정상적인 세포성장조절시스템이 망가져서 생기는 질병이라 할 수 있다. 다시 말해 세포성장과 관련된 신호전달물질에 대한 정보를 지니고 있는 유전자에 돌연변이가 생겨서 이상이 생기면, 세포성장신호 없이도 성장을 유도하는 신호전달계가 활성화되어 비정상적으로 세포가 성장하여 암이 발생하는 것이다. 이것을 쉽게 설명하면, 앞서 세포신호전달을 설명하며 예를 든 릴레이 경주에서 누군가 반칙으로 중간주자에게 바통을 직접 넘겨주어 달리게 한 것과 같다고 생각하면 된다. 이같이 누군가에 의해 바통을 건네받은 중간주자는 곧 이상이 생긴 암유전자로부터 만들어진 단백질들이며, 외부의 성장신호 없이도 지속적으로 세포성장

신호를 전달하여 암을 유발한다.

예를 들어 라스(Ras)라는 단백질이 있다. 이 단백질은 정상세포에서는 성장신호전달의 유무에 의해 GDP-Ras와 GTP-Ras의 두 가지 상태를 오가며 신호전달을 조절하는 스위치의 역할을 수행한다. 다시 말해서 GDP-Ras는 세포성장 신호를 전달하지 못하지만, 성장신호 즉 릴레이에서 바통이 전달되면, GTP-Ras의 형태로 변화되어, 세포의 성장신호를 전달한다. 하지만 Ras단백질의 유전자가 돌연변

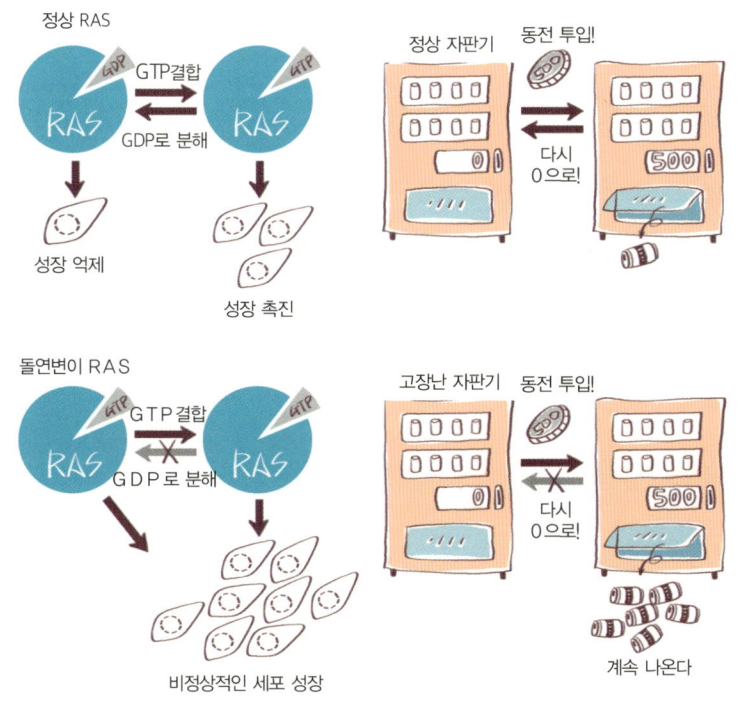

라스 작용 메커니즘

이에 의해 변화되면, 그 유전자로부터 만들어진 Ras 단백질은 항상 GTP가 붙어있는 GTP–Ras의 형태로 고정되게 되고, GDP–Ras 형태로 돌아갈 수 없는 구조가 된다. GTP–Ras 형태로 구조가 고정된 단백질은 외부의 성장신호에 관계없이 항상 성장신호를 보내 암을 발생시킬 수 있다. 이 때문에 암은 종종 '비정상적인 신호전달 조절에 의해 발생하는 질병'으로 정의되기도 한다.

이처럼 원암유전자가 암유전자로 변화되어 암이 생기는 경우와 함께, 세포성장을 저해하여 암을 억제하는 데 관여하는 암억제유전자가 돌연변이에 의해 그 기능을 소실할 경우에도 암이 발생하게 된다. 예를 들어 프로모터에 달라붙어 전사를 조절하여 세포성장을 억제하는 역할을 하는 전사인자가 돌연변이에 의해 타겟 프로모터에 붙지 못해 전사인자로의 기능을 수행하지 못하게 되면, 유전자 해독 조절기능이 소실되어 암이 생기는 원인이 되는 것이다. 예로서 p53이라는 암 억제 단백질이 그 같은 예가 될 수 있다.

이 같은 암유발 혹은 암억제유전자들의 돌연변이 이외에도 암은 다양한 원인들에 의해 발생할 수 있다. 사람과 같은 다세포 생명체의 경우에는 유전자변이 등으로 인해 이상이 생겼을 때 문제가 생긴 유전자를 수리하여 교정하는 장치가 잘 발달되어 있다. 이상이 생긴 유전자를 인식하여 수리하는 장치가 잘 발달되어 있기 때문에 우리는 자자손손 커다란 유전적 변화 없이 살아갈 수 있는 것이다. 물론 생체 내에서 이상이 생긴 유전자의 수리가 항상 성공하는 것은 아니며, 그 결과 유전자에 돌연변이가 발생하기도 한다.

하지만 이상이 생긴 유전자를 가지게 된 세포는 많은 경우 자신이 죽는 길을 택함으로써 전체 생명체의 유전자를

보존하는 방법을 택한다. 이 같은 세포의 자살은 우연히 일어나는 일이 아니라 프로그램에 의해 순차적으로 일어나는 일로서 과학적으로는 '에폽토시스'(프로그램에 의한 세포의 죽음)라고 부른다. 세포의 자살은 자신의 유전자에 돌연변이가 생긴 세포가 증식됨으로써 그 생명체 전체에 해를 초래하는 것을 방지하기 위해 자신을 희생하는 숭고한 일로 생각하면 될 것이다.

세포자살은 암과도 매우 밀접한 관계를 가진다. 세포가 유전자 이상으로 인해 죽어야 할 특정 상황에 놓였음에도 불구하고 자살에 관여하는 장치가 망가져 죽지 못하게 되는 상황이 발생하기도 한다. 이 경우 그 세포의 성장이 지속되고 이것이 암의 중요 원인이 될 수 있다. 뿐만 아니라, 세포의 염색체 말단에 존재하는 생체시계인 '텔로

미어'의 길이가 줄어들지 않아 세포의 수명이 연장되어 지속적으로 분열하게 되면 암이 발생할 수 있다. 또한 인위적으로는 난치병치료를 위해 줄기세포치료를 적용했을 때, 줄기세포의 암세포와 같은 성격 때문에 암이 생길 수도 있다. 이 외에도 다양한 원인에 의해 암이 발생할 수 있다. 실제로 암은 하나의 유전자의 이상에 의해 발생한다기보다는 여러 가지 유전자들의 돌연변이가 축적되어 발생하는 복잡한 병으로, 원인이 다양한 만큼 치료가 쉽지 않다.

신생혈관 생성 억제제 개발

암이 발생되는 요인은 매우 다양하고 복잡하다. 영화에서 보는 것처럼 하나의 특정방법을 이용하여 모든 암을 치료하는 기술이나 항암제를 개발하는 것은 매우 어려운 일이다. 이 같은 상황에서 2008년 초 심장병으로 사망한 하버드 의대 주다 포크만 박사의 연구는 많은 이들에게 암 정복에 대한 하나의 희망을 주는 연구를 수행했다. 그것은 혈관의 역할을 이용하는 것이다.

혈액은 각 장기 및 세포에 영양소와 산소를 공급하는 역할을 한다. 나무가 뿌리를 통해 물과 영양분을 공급받으며, 이 같은 시스템이 작동하지 않으면 말라죽게 된다. 마찬가지로 세포도 혈관을 통해 전달되는 혈액에서 영양과 산소를 공급받아 성장한다. 특히 암세포는 성장이 빠르기 때문에 정상 세포보다도 이 같은 작용이 활발하다. 주다 포크만 박사는 암세포의 이러한 성질을 이용해 1970년경부터 새로운

혈관생성을 억제하는 방법을 통해 암을 치료하
고자 했다.

1980년대 중반부터는 '혈관신생억제제'를 찾아
내는 노력이 본격적으로 이뤄졌고, 1990년대 중
반부터 임상실험이 시작되었다. 이 같은 연구
는 암세포에 영양분을 공급해 주는 혈관의 생성
을 막아 암세포를 굶어 죽게 하는 원리를 이용한
것이다. 특정 암이 아니라, 암세포의 일반적인 성
격을 이용한 방법이므로 다양한 암에 적용할 수 있
다. 이 방법은 특히 기존의 암 치료법으로 한계를 보

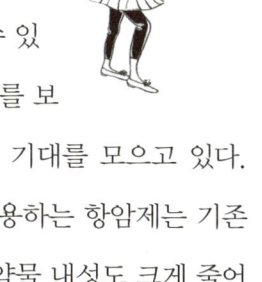

미국국립암센터는 2015년을 '암으로 고통받고 죽어가는 사람이 없는 목표 년도'로 설정하고 암과의 전쟁, 제2라운드에 들어섰다.

이고 있는 전이암 치료에 효과를 보일 것으로 기대를 모으고 있다.
또한 혈관이 새로 생기는 것을 막는 방법을 이용하는 항암제는 기존
항암제에 비해 독성이 적은 것으로 평가되고, 약물 내성도 크게 줄어
들 것으로 예상된다.

2004년 혈관신생억제제인 '아바스틴'이 대장암치료제로 미국 식품
의약국의 공식 승인을 얻기도 했으며 현재 수십 개의 새로운 혈관신
생억제제가 임상실험 중에 있다. 이들 중 상당수는 놀라운 효능을 갖
고 있으며, 임상실험 완료단계에 있기 때문에 조만간 신규 항암제로
시판되어 이용될 수 있을 것이다. 하지만 이러한 항암제는 너무 비싸
사용하는 데 어려움이 있다. 이미 시판되고 있는 아바스틴의 경우 연
간 10만 달러의 살인적인 치료비가 소요된다. 따라서 무엇보다 일반

환자가 저렴한 비용으로 사용할 수 있도록 경쟁제품 또는 우월한 제품들을 많이 개발하여야 한다. 2005년 〈네이처지〉는 "향후 수억 명의 환자들이 혈관신생억제방법에 의한 치료를 필요로 할 것으로 전망한다"는 기사를 보도한 바 있다.

미국국립암센터(National Cancer Institute)는 2015년을 '암으로 고통 받고 죽어가는 사람이 없는 목표 년도'로 설정하고 암과의 전쟁, 제2 라운드에 들어섰다. 다른 주요 암 정복 사업과 함께 혈관신생억제제제 가 항암제의 새로운 역사를 쓸 수 있을지 지켜보자.

불로장생을 향한 꿈,
의 · 생명공학

암억제 유전자의 돌연변이로 사망한 험프리

1967년 미국의 백만장자이며 부통령을 지냈던 험프리는 피가 섞인 소변을 보게 되어 종합병원에서 정밀 건강진단을 받았다. 당시 험프리는 암이 아닌 방광염 진단을 받았고, 2년 뒤 험프리는 암으로 사망한다. 남편의 사망원인이 궁금했던 험프리의 미망인은 오랫동안 냉동 보관했던 남편의 소변을 다시 검사해 줄 것을 존스 홉킨스 대학병원 측에 요청했다.

1990년대에 들어서 중합효소연쇄반응의 기술이 개발된 이후라 이같은 분자수 준에서의 진단방법이 함께 적용되어 검사가 실시됐다. 그 결과 남편의 소변에서 발견된 세포의 DNA에서 p53이라는 암억제 기능을 수행하는 단백질의 유전자 에 돌연변이가 있음을 발견했다. 험프리가 환자의 가래 및 대소변을 이용하여 돌연변이를 검출할 수 있는 오늘날과 같은 시대에 살았다면, 조기진단이 가능했 을 것이고, 조기치료 등을 통해 생명을 연장할 수 있었을 것이다.

암과의 전쟁 1라운드, 사람의 완패

1970년대에 '워터게이트'라는 도청사건으로 결국 사임하게 된 닉슨 전 미국대통령은 암과 특별한 관계를 가지고 있다. 당시 '암과의 전쟁'이라는 표현을 써가며 암을 정복하기 위한 국책사업을 시작한 인물이다.

오늘날까지도 널리 사용되는 약물치료, 수술요법, 방사선치료법 등 세 가지 방법이 당시 암 치료로 이용되었다. 약물요법과 방사선치료법은 환자의 머리카락이 빠지고, 체중이 줄고, 고통을 동반하는 등 많은 부작용을 가져온다. 이것은 치료에 사용되는 대부분의 약과 방사선이 특이하게 작용한다기보다는 DNA증식을 포함한 세포의 근본적인 생명현상에 영향을 미치기 때문이다. 수술요법은 암의 종류와 상황에 따라 적용범위에 제한이 있다. 또한 많은 경우 암을 완전히 없애기보다는 완화시켜 생명을 연장하는 방법을 사용하기 때문에 암 퇴치는 여전히 요원한 상황이었다.

이 같은 상황에서 새로운 항암제 개발법이 대두되었다. 앞서 설명한 세포성장과 관련된 신호전달이 이루어지지 않도록 하는 원리를 이용하여 치료하는 방법이다. 세포성장을 조절하는 특정한 신호전달계를 타겟으로 하기 때문에 당시 주로 사용되었던 DNA 복제, 전사 등 근본적인 생명현상에 관여하는 장치를 저해하여 효과를 나타내는 항암제보다

도 부작용이 적을 것으로 평가되었다.
이 같은 매력적인 항암제 개발방법이
제시됨으로써, 암 정복이 멀지 않을 것
이라는 기대감이 퍼졌다. 성장인자를
인식하는 수용체를 억제하는 물질, 신
호전달시 스위치적인 역할을 수행하는
물질의 기능을 저해하는 물질, 이외에
도 각종 성장 관련 신호전달에 관여하
는 효소들을 억제하는 항암제 개발이
활발하게 시도되었다. 이와 함께 세포
주기를 조절하는 물질과 암억제유전자
기능을 회복시켜 주는 방법 등이 암 치
료에 시도되었으며, 이런 연구는 오늘
날까지도 지속되고 있다. 실제적으로

좋은 먹거리

좋지 않은 먹거리

1971년 암과의 전쟁이 선포된 이후 미국 정부는 가히 천문학적인 연구비를 암
정복 사업에 사용했다. 예를 들면 2003년에는 미국 전체 예산의 0.22퍼센트인
46억 달러를 지원했을 정도이다. 하지만 그 결과는 어떤가? 수십 년이 지난 지
금 암 퇴치에 관한 통계자료는 실로 실망스러운 것이다. 그 이유는 암이 감소되
기는커녕 오히려 증가되는 결과를 보여주고 있기 때문이다.

무엇이 문제일까? 암에 대한 근본적인 치료법이 개발되지 않
은 상황에서 우리가 살고 있는 환경은 점차 나빠져 그 결과 암
발생이 증가했다는 분석이다. 이 같은 상황으로 인해 암 치료

제의 개발도 중요하지만 그에 앞서 예방하는 것이 중요하다는 인식이 퍼지고 있다. 우리가 살고 있는 지구의 환경공해, 식품 등에 많은 관심을 갖게 되었으며, 암 억제에 효과가 있는 것으로 알려진 적포도주, 카레, 그리고 마늘 등의 식품에 대한 소비가 늘어났다. 뿐만 아니라, 암 억제 기능을 수행하는 물질들에 대한 연구가 활발하게 진행되고 있다. 암과의 1단계 전쟁이 인간의 패배로 나타나기는 했으나, 신호전달계를 조절하는 방법 등을 통해 최근 백혈병치료제 글리벡과 같은 혁신적인 치료제가 개발되기도 했으며, 앞으로 더 좋은 치료제가 개발될 것으로 전망된다.

불로장생을 향한 꿈,
의 · 생명공학

생체시계를 멈춰 생명을 연장하라

study
#06

인간은 불로장생을 꿈꾸며, 어떻게 하면 건강하게 오래 사는가 하는 문제에 많은 관심을 갖고 있다. 기계를 오래 쓰면 마모되고 결국에는 더 이상 사용할 수 없는 상태에 이르는 것처럼, 생명체도 살아가면서 생명현상을 영위하고 조절하는 시스템이 퇴화되어 쓸 수 없는 상태로 변해간다. 이 과정을 우리는 노화라고 한다. 노화란 생명체가 탄생하여 죽을 때까지 지속적으로 일어나는 과정이다. 일반적으로 생명체의 활기가 줄어들고 면역기능을 포함한 모든 기능이 저하되면서 궁극적인 결과로 생명체를 사망에 이르게 한다. 따라서 수명연장이란 기능 저하와 손상에 대항하여 그 기능을 보완하고 생명을 연장시키는 것으로 볼 수 있다. 다시 말하면, 생체시계를 멈추거나 거꾸로 돌려보려는 모든 활동은 노화억제를 위한 노력들이라 할 수 있다.

최근 들어 수명연장에 대한 관심이 점차 높아짐에 따라 노화방지 및

207

억제에 대한 각종 연구가 활발하게 진행되고 있으나 아직까지는 혁신적인 방법이 개발되지 않았다. 현재까지 노화억제의 효과가 입증된 유일한 방법은 칼로리 제한이다. 칼로리 제한은 음식물을 통한 에너지 흡수를 제한하는 것이다. 음식물을 통해 섭취하는 칼로리를 제한하면, 콜레스테롤이나 혈압 등을 낮추는 효과가 있는 것으로 알려지고 있다. 하지만 칼로리 제한이 어떻게 수명을 연장시키는지 확실하게 밝혀지지는 않았다. 칼로리 제한과 함께 충분한 양의 비타민, 미네랄 등을 섭취하는 방법으로 임상실험을 하였는데, 효모부터 시작하여 예쁜 꼬마 선충, 초파리, 어류, 실험용 쥐 등을 관찰한 결과, 평균수명이 30~60퍼센트까지 연장되었다. 인간으로 치면 평균수명을 70세로 정했을 때 90~112세까지로 연장된 셈이다.

오늘날에는 노화 관련 유전자를 발굴하고, 노화에 대한 분자 수준의 작용 메커니즘을 이해해 노화를 억제하고자 하는 시도가 활발하게 이루어지고 있다. 고등 생명체의 염색체 말단에는 틸로미어가 존재한다. 생체시계인 틸로미어가 처음 발견되었을 때 많은 과학자들은 크게 흥분하였다. 틸로미어의 길이가 줄어드는 것을 억제하면, 생명을 연장할 수 있을 거라는 기대 때문이었다. '틸로머레이스' 라는 효소는 틸로미어의 길이를 다시 늘려주는 기능을 한다. 일반적으로는 발생초기에 활발히 작용하는데, 성장 후에는 그 기능이 소멸한다. 따라서 틸로머레이스 기능을 회복시켜 틸로미어의 길이를 계속 늘려주면 노화억제의 꿈을 이룰 수 있을 거라는 생각을 하게 되었다. 이러

한 희망으로 일본을 비롯한 전 세계의 연구자들이 활발히 연구를 수행하였다. 실제 예쁜 꼬마 선충 등을 대상으로 텔로미어의 길이를 연장하여 생명을 연장하는 데 성공을 거두었다. 하지만 이 같은 희망에 찬물을 끼얹는 연구결과가 나타나는 데는 오랜 시간이 걸리지 않았다. 텔로미어 길이 연장을 통해 생명연장 가능성은 제시되었지만, 그로 인해 세포 불멸화가 초래되어 암이 발생할 가능성이 나타났기 때문이다. 아직까지 어떤 방법도 생명체가 순환되는 자연현상인 노화를 완벽하게 억제할 수 없다. '보약도 지나치면 독이 된다' 라는 말이 있듯이 노화억제에 도움이 되는 약들 역시 개개인의 유전성향이나 환경에 따라 인체에 치명적인 부작용을 가져올 수 있다는 위험요소를 안고 있다. 인류의 염원인 노화억제를 이루기 위해서는 무엇보다 인위적인 노화억제로 야기될 수 있는 부작용과 문제점들을 해결해야 할 것이다.

생명공학의 발전과 인간 딜레마

생명공학의 눈부신 발전은 우리 인류에게 미래에 대한 크나큰 희망을 가져다 주었다. 오늘날 발전된 생명공학의 모습은 미래에 대한 희망으로 우리를 들뜨게 한다. 하지만 모든 삶의 이치가 그러하듯, 생명공학의 발전이 우리 인류에게 혜택만을 주는 것은 아니다. 앞서 언급했듯이 유전자변형식품에도 위험 요소가 산재해 있고, 인공적으로 변환된 생명체가 자연계에 무분별하게 방출되었을 경우 생태계에 어떤 영향을 미칠지는 아무도 예측할 수 없다. 특히 치료용이나 산업용으로 개발한 미생물이나 바이러스에 의한 재앙 역시 그저 영화 속의 일이라 할 수 없다. 최근 많은 관객을 모았던 괴물이라는 영화 역시 인공적으로 변형된 생명체가 방출되어 일으킨 재앙을 다룬 것으로 어쩌면 이보다 훨씬 심각한 일들이 일어나지 않으리라는 보장은 아무도 할 수 없는 것이다.

뿐만 아니라 인간게놈프로젝트의 완성도 상반된 측면으로 작용할 가능성을 배제할 수 없다. 인간게놈프로젝트로 인해 개인의 유전정보를 확보할 수 있어 개인별로 질병에 걸릴 확률을 예측하고 조기진단 및 치료 등을 통해 질병을 사전에 방지할 수 있을 것이다. 이처럼 개인유전정보 활용을 통한 장밋빛 미래가 점쳐지는 반면, 동시에 함께 야기될 여러 가지 사회적인 문제들도 예측된다. 예로써 개인의 유전정보가 데이터화될 경우 개인의 프라이버시가 침해되는 것은 물론, 취직이나 결혼 등에 불이익을 당할 수도 있다.

또한 생명공학의 발전은 인간 존엄성 훼손이라는 윤리적인 문제도 일으킬 수 있다. 최근에 황우석 박사 사건을 계기로 언론은 배아복제에 따른 인간의 존엄성 훼손 문제를 제기했다. 또한 줄기세포를 얻기 위해 배아를 파괴하거나 무분별하

불로장생을 향한 꿈,
의 · 생명공학

게 난자를 이용하는 것 등은 실로 엄청난 사회문제를 야기시킬 수 있다. 또한 유전물질인 DNA에 대한 연구성과와 데이터가 축적되면서 인종 차이에 대한 사실이 밝혀져 이로 인한 인종 간의 갈등이 심화될 수도 있다.

이중나선형 구조의 발견과 인간게놈프로젝트를 성사시킨 제임스 왓슨 박사는 생명공학과 과학의 발전에 가장 위대한 업적을 남긴 과학자임에 틀림없다. 하지만 2007년 10월 "일부 지능과 관련된 유전자가 흑인에게는 없다"는 연구결과를 발표하여 큰 파문을 일으켰다. 그의 연구결과가 일부 인종편견과 관련된 발언으로 받아들여진 것이다. 그는 이 일을 계기로 지속적으로 일해오던 뉴욕의 콜드 스프링하버 연구소의 소장직까지 내놓게 됐다.

동전의 양면성처럼 생명공학의 발전이 인류에게 혁신적이고 눈부신 발전을 보장해 주지만 한편으로는 인류에게 어떠한 재앙을 가져다줄지 알 수 없다. 따라서 우리는 이에 대한 대비책을 마련하는 일에도 많은 노력을 기울여야 한다. 현재 세계 각국들은 앞다투어 생명윤리 규정을 제정하고, 유전자조작에 따른 윤리적, 도덕적 문제를 해결하고자 노력하고 있다.

Let's Go!
My Dream

Let's Play!

STOP

EXPRESS!

최 교수님의
학문 이야기

최선을 다하면
길이 열린다

지금도 눈을 감으면 14년 전 보스턴 '하버드 스퀘어'에 있는 작은 사무실의 벨을 누르는 내 모습이 생생하게 보이는 듯하다. 1994년 10월 중순의 일이다. 오늘날에는 논문 투고가 모두 전자 시스템으로 이루어지지만 그때 나는 완성된 논문 사본을 직접 내기 위해 〈셀〉이라는 잡지의 편집진이 있었던 보스턴 하버드 스퀘어 근처의 사무실을 방문했다. 오늘날에는 〈셀〉, 〈사이언스〉, 〈네이처〉 등 최상급 잡지에 국내 연구진의 연구결과가 발표되는 경우가 종종 있지만, 당시에는 흔치 않은 일이었다. 논문을 제출하기 위해 직접 사무실을 방문한 것은 내겐 또 다른 도전의 의미였다. 논문을 제출하기 8개월 전 규모가 작은 한 전문학술회의에서 논문 내용의 일부를 발표했는데, 문제가 발생한 것이다. 당시 나는 하버드 의과대학의 생화학 분자약리학과의 일레인 일리언 교수님의 연구실에서 연구원 생활을 하며 효모를 모델 시스템으로 이용하여 세포의 성장조절과 관련된 신호전달메커

니즘에 대한 연구를 하고 있었고, 학술회의에서 그간의 연구결과를 발표했던 것이다. 그 때 학술회의에 참석했던 유명한 과학자 한 분이 유난히 우리 연구에 관심을 보이며 세세한 부분에 대한 질문을 했다. 그 당시에는 본인의 연구와 관련성이 많아서 우리 연구에 호기심을 보이는 것으로 생각했다. 하지만 그 과학자가 자신의 연구실로 돌아간 즉시 우리가 발표했던 연구 중 일부 중요한 실험들을 다시 수행하여 논문을 작성했고, 그것을 자신이 소속되어 있던 '미국학술원' 지에 게재한 것이다. 〈미국학술원〉지는 권위있는 학술지이나, 학술원 회원에게는 1년에 몇 편의 논문을 게재할 수 있는 자격을 주었기 때문에 경우에 따라서는 상대적으로 어려운 심사과정을 거치지 않고 논문이 통과되는 경우가 종종 있었다. 우리가 연구하고 있던 것과 유사한 내용의 논문이 게재된 사실을 알게 된 우리는 이루 말할 수 없는 실망감에 빠졌다. 우리가 그때까지 그 논문을 다른 잡지에 보내지 않았던 것은 데이터를 좀더 나은 형태로 보강해 최상의 잡지에 논문을 발표하려 했기 때문이었다. 오늘날은 물론이지만, 당시에도 저명한 과학잡지에서는 어느 정도 비슷한 내용의 논문이 다른 잡지에서 출판된 경우 같은 내용의 논문을 다시 출판하지 않는 것이 일반적인 관례였다. 일리언 교수와 나는 크게 실망하였다. 의기소침해 있던 우리는 당시 관련 분야에서 가장 유명한 과학자 중의 한 분이었던, 캘리포니아

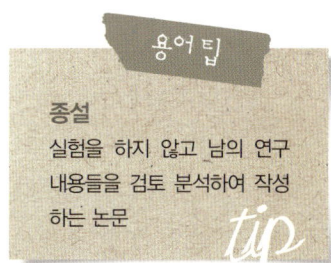

용어팁

종설
실험을 하지 않고 남의 연구 내용들을 검토 분석하여 작성하는 논문

tip

대학의 아이라 허스코위츠 교수님께 조언을 구하기로 했다. 허스코위츠 교수가 쓰고 계셨던 종설에 아직 출판되지 않은 우리의 연구내용을 인용할 수 있도록 보내드렸기 때문에, 우리의 연구결과를 잘 알고 계셨다. 허스코위츠 교수는 우리에게 한발 늦었지만 연구의 중요성과 완성도를 고려하여, 〈셀〉에 논문을 보내보라고 권유하셨고 우리는 서둘러 논문을 작성하여 제출하였던 것이다.

논문을 제출한 지 채 3주가 되지 않은 어느 날 일리언 교수가 'Kang-Yell!' 이라고 큰 소리로 나를 부르며 달려왔다. 〈셀〉지의 대표 편집자인 벤자민 루인 박사에게서 편지가 온 것이다. 전혀 기대하지 않은 상황이어서 좀 얼떨떨했다. 이례적으로 짧은 리뷰기간을 거쳐 도착한 편지는 큰 수정 없이 논문을 출판하려고 하니, 논문의 양만 조금 줄여서 다시 보내달라는 내용이었다. 오랜 시간이 지난 지금까지 논문을 심사한 사람이 누구인지는 알 수 없으나, 아마 허스코위츠 박사도 심사위원들 중 한 명이 아니었나 싶다.

논문의 연구내용은 나중에 루인 박사가 저술한 대표적인 세포분자생물학 교과서의 하나인 〈Genes〉을 포함한 몇몇 교과서에 소개되면서 그 중요성을 더욱 인정받게 되었다. 논문이 출간된 이후 하버드 본교

의대 학생들의 강의를 담당했던 레이몬드 에릭슨 교수는 우리의 논문과 미국학술원지에 게재되었던 논문을 대학원 강의 자료로 활용해 강의했는데 부실한 논문과 완성된 논문으로 비교평가하며 강의했다고 한다. 다른 잡지에 비슷한 논문이 실렸다는 이유로 포기했다면 아마 이러한 결실을 맺지 못했을 것이다.

생명공학도만이
느낄 수 있는 행복

하버드대학에서 연구원 생활을 하기 전, 나는 퍼듀 대학 생화학
과에서 박사과정을 수행했다. 이 기간 동안 나는 퓨린 생합성과 관련
되는 유전자 발현과 그 조절에 관련된 단백질에 대한 연구를 수행하
였다. 퓨린은 DNA나 RNA를 구성하고 생체 내의 에너지원 그리고
세포 내에서 각종 조절기능을 수행하는 작은 물질들의 원료가 되기
때문에 퓨린생합성 조절메커니즘을 밝히는 것은 중요한 연구주제였
다. 과거에는 주로 퓨린을 생산하는 효소 연구 등 대사 수준에서의
연구가 주를 이루었으나, 당시 우리 연구실에서는 퓨린을 생산하는
효소들의 유전자정보 해독에 대한 연구를 하였다. 특히 나의 지도교
수이던 잘킨 교수님께서 이 분야 발전에 많은 기여를 한 분이셨다.
나는 퓨린의 생합성을 조절하는 단백질인 '퓨린리프레서' 라는 전사
인자에 대한 연구에 열중했다. 퓨린리프레서 같은 DNA에 결합하는
단백질은 정제하는 과정 중에 세포 속에 가지고 있던 구조적 안정성

최 교수님의
학문 이야기

을 잃어버려 종종 침전을 하기 때문에 정제하기가 매우 힘들었다. 당시 단백질 정제를 위해서 겨울은 물론 한여름에도 두꺼운 외투를 입고 냉장된 방에서 수많은 종류의 완충용액을 바꾸어가며 실험을 수행했고, 마침내 안정성을

가지는 정제된 퓨린리프레서를 얻는 데 성공하게 되었다. 단백질이 얻어지자 그 다음 연구는 일사천리로 진행되었다. 많은 생화학적 연구를 수행하여 퓨린리프레서의 기능과 구조를 밝히는 연구를 수행할 수 있었다.

당시 연구를 진행하면 할수록, 눈으로 보여지는 형태로 단백질의 구조를 밝히는 것이 무엇보다 절실한 일이라는 생각이 들었다. 내가 수행하던 연구가 마치 장님이 코끼리의 다리 부분만 만지고서는 코끼리가 기둥같이 생겼다든가 혹은 상아를 만지며 코끼리가 뿔처럼 생겼다고 하는 것과 같았기 때문이다. 단백질을 눈으로 보여주는 형태의 삼차원적 구조를 밝혀야 그것을 바탕으로 퓨린리프레서에 관한 보다 자세한 연구를 수행할 수 있는 상황이었다.

단백질의 삼차원적 구조를 밝히는 대표적인 방법 중 하나가 X-선 회절방법과 프로그램을 이용한 데이터 정리였다. 하지만 그 분야는 생물물리라는 연구 영역으로 내 연구 영역 외의 것이었다. 지도교수님과 상의한 끝에 공동연구를 수행하기로 했다. 공동연구에 앞서, X-

선 회절방법에 의한 구조를 밝히는데 반드시 필요한 단백질 결정을 내가 스스로 만들어 보기로 했다.

당시 퍼듀 대학은 전 세계적으로 단백질구조 분야의 대가인 마이클 로즈만 박사를 비롯해 단백질구조를 연구하던 훌륭한 연구실이 많았다. 마침 우리 연구에 관심이 많았던 생물과학과 제넷 스미스 교수님이 도움을 주셔서 직접 결정을 만드는 일을 수행했다. 매일 아침마다 실험실로 가기 전에 단백질의 결정이 만들어 졌는지 확인하는 일은 나의 큰 기쁨이었다. 퓨린리프레서 단백질 전체에 대한 결정을 만들지는 못했지만, 결정형성을 방해하는 부위를 제거한 단백질의 일부를 결정화 하는데 성공할 수 있었다.

나의 이러한 연구결과가 계기가 되어, 당시 단백질의 구조연구 분야 중 특히 전사인자의 구조에 대해 깊은 조예가 있었던 오레곤 의과학대학의 리차드 브레넨 교수가 우리 연구에 참여하게 되었다. 브레넨 교수님은 내가 보내준 단백질 결정을 바탕으로 퓨린리프레서의 삼차원적 구조를 밝히는 일에 착수하였고, 우리는 지속적으로 정제된 단백질을 보내고, 함께 토의도 하면서 연구를 진행해 나갔다. 초기에는 내가 만든 결정을 이용하여 단백질의 부분적인 구조를 밝혔고, 몇 년이 지난 후에 퓨린리프레서가 DNA와 함께 결합하고 있는 형태의 자세한 구조도 밝힐 수 있었다. 그 연구결과는 〈사이언스〉지에 게재되기도 했다.

최 교수님의
학문 이야기

자신이 좋아하는 것을 가장 잘할 수 있는 법

나의 스승인 잘킨 교수님께서는 종종 학문의 흐름에 대해 말씀하셨다. 특히 '그 학문의 과거역사를 알고, 현재 상황과 진행 방향을 살펴보면 학문의 미래가 보일 것'이라는 말씀은 지금도 내게 나침반과 같은 역할을 해주고 있다. 나는 학위기간 동안에도 줄곧 미래에 수행할 연구분야를 찾고 있었다. 연구분야를 찾을 때 기준으로 삼았던 것은 '내가 정말 좋아하고 관심 있는 분야인가', 그리고 '그 분야가 미래에 비전이 있는가'였다. 이 질문을 늘 스스로에게 하며 연구분야를 찾은 덕분에 오늘날 내가 관심 있고 좋아하는 일을 하게 된 것 같다.

내가 박사학위를 받을 무렵인 1990년대에 들어서면서 미국 서부의 캘리포니아 지역, 동부 보스턴 지역, 그리고 국립보건원이 있었던 워싱턴 DC를 중심으로 하는 주요 의학 및 생명관련 연구단지에서는 연구 관심사가 바뀌어 가고 있었다. 당시 한창 진행중이던 단순한 유전자 정보 해독과정에 대한 연구보다는, 세포 혹은 생명체에서 일어나는 생리적인 현상을 분자수준에서 이해하여 그것을 질병의 진단 및 치료에 적용하려는 연구가 중요한 관심분야로 등장하고 있었던 것이다. 나 역시 이 분야를 미리 생각해 놓았었고, 그 덕분에 졸업 무렵 연구원으로 보낼 연구실을 쉽게 찾을 수 있었다.

박사학위를 마친 후 나는 하버드 의과대학의 일레인 일리언 교수 연구실에서 연구를 수행하기로 결정하였다. 내 연구주제는 효모를 이용한 세포성장조절과 직접 연관된 세포주기조절에 대한 것이었다. 궁극적으로는 사람의 암 발생과정을 이해하여, 그 결과를 암 치료 등에 이용하고자 하는 연구였다.

2001년 효모세포주기 연구로 노벨생리의학상을 수상했던 폴 너스가 '효모는 작은 인간(yeast is a small human)'이라고 묘사한 바 있다. 효모는 미생물이지만 그 세포 속에서 일어나는 많은 일들이 사람과 같은 동물세포 내에서 일어나는 일들과 유사하다. 따라서 동물이나 사람세포에서 일어나는 많은 일들을 밝히는데, 종종 효모가 이용된다. 특히 효모를 이용하면 유전학적인 연구를 수행하기 쉽기 때문에 수많은 중요한 연구결과들이 효모를 통해 얻어졌으며 오늘날에도 많이 이용되고 있다. 사실 그 당시 내가 효모를 이용한 연구를 결심하게 된 데에는 당시의 국내연구 상황도 이유였다. 연구원 생활을 마치고 고국으로 돌아가 일하겠다고 생각했던 나는, 당시 우리나라의 연구 환경을 고려하지 않을 수 없었다. 효모는 시설 면에서 상대적으로 비용이 적게 들기 때문에 국내에서 연구하기에도 적합할 것이라고

판단한 것이다. 하지만 나의 생각은 괜한 걱정이었다. 내가 귀국할 즈음에는 국내에서도 이미 동물세포 배양을 통한 연구가 많이 수행되고 있었기 때문이다.

1995년 2월, 오랜 미국 생활을 끝내고 국내로 돌아와 연세대학교 의과대학에서 연구를 하게 되었다. 생화학·분자생물학 교실의 대부분의 교수님들은 당뇨병이나 비만 등과 관련된 유전자 발현 연구를 수행하고 있었다. 하지만 나는 원래 계획한 대로 세포 내에서 분자수준에서 일어나는 현상들이 어떻게 암이 발생하는 데 기여하는지에 대한 연구를 계속했다. 처음 연구에서는 효모를 사용했지만 내가 소속해 있던 교실에 시설이 설비되어 있었기 때문에, 얼마 되지 않아 동물이나 사람 세포를 이용하여 실험을 수행할 수 있게 되었다. 다른 교수님들과 연구원들이 모여 매주 1회씩 연구결과를 발표하고 토의하였다. 그 시간들은 여러 면에서 내 연구에 많은 도움을 주었다.

당시 암이 생기는 원리를 연구하고, 이를 바탕으로 암 치료 항암제를 개발하는 일에 매달렸다. 특히 세포의 성장과 관련되는 신호전달체계가 어떻게 암 발생에 관여하고 있는지에 대해 많은 관심을 가지고 연구를 수행하였다.

6년 6개월의 의대 생활을 마치고 생명공학과로 자리를 옮긴 후에도 암과 관련된 신호전달 메커니즘과 치료과정에 대한 연구를 수행하였다. 연구내용과 방향에서 변화된 점이 있다면 세포분자생물학적인 현상과 암을 연구하는 데 있어서 줄기세포에 대한 내용을 접목시킨 것이다. 본문에서도 언급했지만, 줄기세포를 임상치료 등에 적용하고자 할 때 반드시 극복해야 하는 문제는 혹시 발생할 지도 모르는 암을 억제하는 것이다. 최근 들어 우리가 오랫동안 연구해왔던 세포의 성장과 관련한 신호전달계가 암 발생뿐만 아니라, 줄기세포의 분화에도 관여한다는 것이 확실해졌고, 이로써 우리는 자연스럽게 암 연구를 줄기세포 연구에 접목시킬 수가 있었던 것이다.

줄기세포와 관련한 우리 연구실의 연구 관심사는 유용한 줄기세포를 만들어 환자에 적용하고자 할 때 발생할 수 있는 암을 억제하는 데 있다. 줄기세포를 연구하는 데 연구비가 많이 들어 어려움이 있었는데, 다행이 "한국연구재단"으로부터 국가지정연구실 및 선도연구센터인 단백질기능제어이행연구센터(ERC)등의 지원을 받고 있어 하고 싶은 연구를 할 수 있게 되어 감사할 따름이다. 자신이 좋아하는 일을 하는 기쁨은 이루 말할 수 없다. 많은 시간과 노력을 기울이는 그 순간 순간이 기쁨이고, 그 결과 원하는 성과를 얻는 것 또한 기쁨이다. 나는 내가 좋아하는 연구를 하면서 많은 기쁨을 더불어 얻었다. 잘 할 때 칭찬을 해주고 때로는 꾸짖으면서 가르칠 수 있는 학생들과 함께 고민하고 보낼 수 있는 시간이 정말 소중하다. 우리가 하는 일들이 사람의 질병치료에 도움을 줄 수 있다는 믿음, 그리고 이러한 연구에 대한 사람들의 관심과 아낌없는 지원은 생명공학자가 가질 수 있는 또 다른 기쁨일 것이다.

어떤 곳에 어떤 우물을 만들 것인가?

대학에서 분자생물학과 유전공학을 강의해 온지 오랜 시간이 지났다. 나는 매 학기 강의를 시작할 때 한 학기 동안 배울 내용에 대해 설명한 후, 첫 1~2시간은 강의 내용과 관련된 과학의 역사에 대해 얘기한다. 역사를 '고리타분한 과거의 일'로 생각할 수도 있겠지만, 역사만큼 현재를 알려주고 미래의 방향을 생각하게 해주는 데 도움이 되는 것이 없다. 분자생물학이나 유전공학의 경우, 관련된 역사적인 발견과 사건이 중복되는 경우가 많다. 이들 개발과 관련된 역사적 중요한 일들은 초등학교 시절에 읽었던 위인전에 등장하는 인물은 물론 노벨상을 수상한 연구자들의 연구가 많이 포함되어 있다. 이들이 발견한 위대한 과학적 진실은 물론 그들의 삶이나 연구개발과 관련된 숨어있는 이야기를 통해 학생들이 미래에 대한 비전을 갖기를 바라는 마음에서 이러한 이야기를 한다.

나는 또한 학생들에게 적극적으로 수업에 참여하라고 말한다. 우리나라 학생들은 질문이나 발표를 하는 데 있어서 서구의 학생들에 비해 많이 소극적인 편이다. 아마 우리의 문화와 삶의 방식과도 연관성이 있을 것이다. 하지만 보다 풍부한 지식의 교류를 위해서는 적극적으로 수업에 임하는 것이 무엇보다 중요하다. 우리 학생들이 중고등학교 시절부터 수업시간에 많은 질문을 하고 적극적으로 발표하는 습관을 갖는다면 미래공부와 미래의 삶에 크게 도움이 될 것이라 생각된다.

사실 나 역시 중고등학교때 평범한 학생이었다. 다른 친구들에 비해 뛰어난 점도 없었고, 지금의 학생들처럼 그렇게 열심히 공부를 한 기억도 별로 없는 듯 하다. 그랬기 때문일까. 대학에 진학한 후에 "학창시절에 좀더 열심히 생활하고 미래를 준비했더라면"하는 아쉬움을 가졌던 기억이 있다. 이 글을 읽는 우리 학생들은 먼 훗날 '가보지 않은 길'에 대한 미련을 갖지 않도록 보람 있는 중고등학교 시절을 보내기 바란다.

대학 진학 후, 나는 생화학, 유전공학, 미생물 등의 과목들에 관심이 끌렸다. 과목을 수강하고 여러 가지 부수적인 정보를 접하며, 졸업 후 생명공학과 관련된 분야에서 공부를 계속하겠다는 생각이 명확해졌다. 하지만 당시에는 내가 다니는 큰 대학에서조차 연구를 위한 장비나 설비가 열악한 환경이었고, 국가에서 지원하는 연구비도 미미했다. 그래서 나는 유학을 가기로 결정하고 이에 대한 준비를 했다. 미래의 방향이 설정되니 마음도 가벼워졌다. 3학년을 마칠 무렵부터 많

은 시간을 영어 회화나 기본적으로 필요한 유학준비를 하는 데 보냈다. 틈이 나는 대로 외국에서 대표적으로 사용되던 생화학이나 분자생물학 등의 교과서를 혼자 정리하며 기초지식을 높였는데, 나중에 대학원에서 학문을 배우거나 연구를 할 때 많은 도움이 됐다. 대학원에서의 학위기간이나 초기 연구원 시절은 그 동안 배움의 연장선이었던 것 같다. 또한 그 동안 배운 지식을 바탕으로 실제 연구개발에 참여하여 창의성을 발휘해 볼 수도 있는 기회다. 스스로 연구하며, 고민했던 그 시기가 특히 인내와 노력이 많이 필요했던 시기였다.

이 책을 읽는 우리 청소년들은 꿈나무이며, 다음 세대의 주인공인 것이다. 우리 학생 개개인이 어떤 꿈을 가지고 어떻게 살아가는가에 따라 우리나라와 세상이 바뀔 수 있다. 교육이란 모든 사람들이 사용할 우물을 만드는 일로도 생각해 볼 수 있을 것 같다. 어느 곳이 우물을 만들만한 장소인지, 어떤 연장을 가지고 우물을 파야 하는지, 우물을 파는데 필요한 연장이 어디에 있는지 등에 대해 교육을 통해 얻을 수 있을 것이다. 하지만 중요한 것은 '어느' 곳에 '어떤' 우물을 만드는가는 자기 스스로가 결정해야 한다는 것이다. 자신의 미래를 책임질 이 소중한 질문에 대한 답이 자신에게 달려 있음을 인식할 필요가 있다.

END

생명공학 관련 학과가 있는 대학들

서울	건국대, 경희대, 고려대, 국민대, 동국대, 삼육대, 상명대, 서강대, 서경대, 서울과학기술대, 서울대, 서울시립대, 성균관대, 성신여대, 세종대, 숙명여대, 숭실대, 연세대, 이화여대, 중앙대, 한국외대, 한양대
부산	경성대, 고신대, 동서대, 동아대, 동의대, 부경대, 부산대, 신라대, 한국해양대
대구	경북대, 계명대
인천	인천대, 인하대
세종	고려대 세종캠퍼스
광주	광주과학기술원, 광주대, 전남대, 조선대
대전	대전대, 목원대, 배재대, 충남대, 한국과학기술원, 한남대, 한밭대
울산	울산과학기술원, 울산대
제주	제주대
경기	가천대, 가톨릭대, 경기대, 대진대, 명지대, 수원대, 신경대, 아주대, 용인대, 중앙대(제2캠퍼스), 차의과학대, 한경대, 한국산업기술대, 한양대
강원	가톨릭관동대, 강릉원주대, 강원대, 상지대, 연세대학교 원주 캠퍼스, 한림대
충청도	건국대 글로컬 캠퍼스, 건양대, 공주대, 단국대, 상명대 천안 캠퍼스, 서남대, 선문대, 순천향대, 영동대, 중부대, 중원대, 청주대, 충북대, 한국교통대, 한서대, 호서대
전라도	군산대, 목포대, 목포해양대, 순천대, 우석대, 원광대, 전남대, 전북대, 전주대
경상도	경남과학기술대, 경남대, 경상대, 대구가톨릭대, 대구대, 대구한의대, 동국대 경주 캠퍼스,

생명공학 관련 학문은 생명공학과, 생명과학과, 생물학과, 미생물공학과, 응용생물학과 등에서 배울 수 있습니다. 게시판에 명시된 생명공학 관련 학과들은 모두 4년제 대학에 해당됩니다. [자료출처 : 한국교육개발원 교육통계DB (2016년6월)].

경상도	동양대, 안동대, 영남대, 인제대, 창원대, 포항공과대, 한동대경남과학기술대, 경남대, 경상대, 대구가톨릭대, 대구대, 대구한의대, 동국대 경주 캠퍼스, 동양대, 안동대, 영남대, 인제대, 창원대, 포항공과대, 한동대

나의 미래 계획 다이어리

나를 알아보는 단계

미래 계획을 세우기 전에 나를 알아보는 것은 중요하다. 재능 있는 사람도 즐기는 사람을 당할 수 없다고 한다. 내가 가장 좋아하고 잘할 수 있는 일은 무엇일까? 자, 자신이 좋아하는 일들로 지면을 가득 채워보자!

난 게임이라면 자신 있어!
이래봬도 고수란 말씀!

게임 얘기 할 줄 알았어. 난 놀고먹는 게 제일 좋은데 어쩌나~

보너스 문제

이것만은 절대 못 하겠다!

다른 건 어떻게 해보겠는데, 정말 하기 싫은 것이 있을 것이다.
눈치 보지 말고, 마음껏 적어 보자!

본격적인 계획 단계– 목표 설정

나에 대해 알아보았으니 이제 본격적으로 자신만의 맞춤 계획을 세워보자. 먼저 자신이 무엇을 하고 싶은지 적어보자. 목표가 확실하지 않으면 계획을 진행하기 어렵기 때문에 신중히 생각해야 한다.

부자가 되는 것도 좋지만
실현 가능한 목표를 세우는 것이 좋죠해.
그러니 우리에서는 좀 더 구체적으로
생각하는 게 좋겠지?

나는 부자가
될 거야!

실행 단계

목표를 정했으니 이제 거침없이 계획을 진행해 보자. 자신이 세운 목표를 이루기 위해서는 어떤 일들을 해야 하는지 적어보자.

나의 목표 - 방학 동안 체중 5kg 감량

계획

저녁은 오후 7시 이전에 먹는다. → 저녁은 안 먹지만 야식은 먹었다.
일주일에 3번 이상 줄넘기를 한다. → 일주일에 3번 이상 줄만 간신히 넘었다.
군것질을 줄인다. → 군것질은 줄었지만 야식이 늘었다.

단, 계획이 잘 실행되고 있는지 수시로 체크하는 것이 중요하다!

10년 후 나의 모습

이렇게 계획을 세우는 것만으로도 마음이 든든하다. 이 든든한 마음을 가지고 10년 후 자신의 모습을 생각해 보자!

파티시에가 되어서 사람들에게 꿈과 희망도 같이 나눠주고 있을 것 같아! 상상만으로 빵 냄새가 솔솔 나는 것 같아.

와~ 그럼, 나 빵 많이 주어야 해 공짜로~

최강열 교수님은....

연세대학교 생명시스템대학 생명공학과에서 학생을 가르치고 있으며, 에비슨특훈이며, 선도연구센터(ERC)인 "단백질 기능제어이행연구센터" 소장이다. 세포 신호전달 제어를 통한 항암제 개발 및 단백질기능제어 신약개발연구에 주력하고 있다. 미국 퍼듀대학에서 박사 학위를 받았으며, 하버드의과대학 생화학분자약리학과에서 박사 과정 수료 후 연구원 과정을 거쳤다. 일반인 및 청소년 대상 《줄기세포 발견에서 재생의학까지》《줄기세포는 우리 몸 어디에나 있다》를 편역하였다. 교육과학기술부와 한국연구 재단에서 주관하는 〈금요일의 과학터치〉〈국민과 함께하는 과학〉, 한국분자세포생물학회에서 주관하는 〈경암바이오유스캠프〉〈YTN 사과나무〉 등의 강연 프로그램을 통해 일반인과 청소년을 만나고 있다.

나의 미래 공부 02

MAP
OF **MT 생명공학**
TEENS

초   판 1쇄 펴낸날 2008년 5월 20일
개정 2판 1쇄 펴낸날 2024년 6월 28일

저자 최강열
발행인 서경석

책임편집 정재은 | **디자인** All Design Group | **일러스트** 문수민
마케팅 서기원 | **제작·관리** 서지혜, 이문영

펴낸곳 청어람장서가 | **출판등록** 2009년 4월 8일(제 313-2009-68호)
본사 주소 경기도 부천시 부일로483번길 40 (14640)
주니어팀 주소 서울특별시 구로구 디지털로 272 한신IT타워 404호 (08389)
전화 02)6956-0531 **팩스** 02)6956-0532
전자우편 juniorbook0@gmail.com

정가 15,000원
ISBN 979-11-86419-99-1 44470
       979-11-86419-42-7(세트)